# 吉田の日々赤裸々。2

プロデューサー兼ディレクターの頭の中

吉田直樹著

## 「赤裸々なまえがきⅡ」

“まえがき”を書く、というのは意外と難しいのです。本書は、“『ファイナルファンタジーXIV』(以下、『FFXIV』)という巨大なゲーム開発の舞台裏”が書かれているか、その総指揮を執っている吉田直樹という45歳になろうとしている男の“日々思ったこと”が、ほんの少し赤裸々に書かれている、エッセイのようなコラムのような本でしかありません。

まえがきを付ける必要すらないように思うのですが、誤って購入されたお客様の費用や、立ち読みをした方の時間を無用に奪わないよう、商品説明として記載しておこうと思います。

この本には、ゲーム雑誌“週刊ファミ通”に、隔週で連載されている“吉田の日々赤裸々。”というコラムの第45話から第96話までが収録されています。1話から44話まで掲載されていないのは、本書がなんと2巻目だからです。2巻目が発売されるくらいなので、多少は1巻が売れたようです。何冊売れたのかは聞いていないのでわかりません。

そもそもこのコラムの企画はファミ通さんから提案されたものですが、忙しいことと、飽き性なこともあり、最初はお断りさせていただきました。しかし、編集部のほうから、「吉田さんがコラムを連載する限りは、毎週4ページ以上、ファミ通本誌に『FFXIV』の記事を掲載しようじゃないか!」というありがたいご提案をいただき、ギブアンドテイクが成立していまにいたります(連載開始して丸4年になりました)。

吉田直樹というのは本書の著者ですが、株式会社スクウェア・エニックスというゲーム会社に勤務しています。執行役員と第5ビジネス・ディビジョンの統括、『FFXIV』のプロデューサー、そしてディレクターを兼務しています。第5ビジネス・ディビジョンではほかに、サービス開始から15周年を迎えた『ファイナルファンタジーXI』の開発と運営、『ドラゴンクエストビルダーズ』シリーズの開発なども行っており、『FFXIV』以外にも、じつは多くのゲームファンやお客様と、間接的に接していることになります。

第1巻には『FFXIV』が"新生"するまでのお話が多く書かれ、第2巻である本書では、運営や継続に関する話題に内容がシフトしています。ですが、どちらかと言えば、より"日々赤裸々"というタイトルに近づき、吉田が感じた、"ゲーム業界や開発に関すること全般"の話題や、"仕事をしていて思ったこと"、完全に脱線しているであろう、"趣味やインターネットについて"など、まとまりがありません!(赤裸々)

不思議なことに、じつはこの第2巻に収録されているコラムのほうが、読んでくださった方からフィードバックや感想をよくいただきます。内容がより赤裸々になったからなのか、吉田の肩の力が抜けて読みやすくなったからなのかは、よくわかりません。ただ、ゲームの開発に興味がある方や、インターネットを使っている方には、「へぇ……」と思う"かもしれない"ことが多少書いてありますので、通勤・通学時の時間つぶしに使っていただけると幸いです。

本書を読破してくださった皆さんも、読破を断念した皆さんも、それではまた、"あとがき"でお会いしましょう!

# 吉田の日々赤裸々。2

プロデューサー兼ディレクターの頭の中

## 目 次

# 「ロールプレイと恋」

（2015年10月22日号掲載）

オンラインゲームでよく聞く単語に“ネカマ”というものがあります。しかし、このネカマの定義は、人によって意外とマチマチ。ネカマというのは、要するに“ネットワーク世界でのオカマ”の短縮系で、おおむね“リアル男性なのに、リアル女性のフリをしてゲームをプレイしている人”のことを指す場合が多いです。

しかし、ここで力説しておきたいのが、“明らかに女性のフリをして遊んでいる人”と、“ゲーム内の女性キャラクターになりきって遊んでいる人”は異なる存在なのだ！ ということ。前者はある意味で愉快犯的であり、後者はれっきとした“ロールプレイ（役割演技）”なのです。

たとえば、吉田はかつて『Dark Age of Camelot』（以下、『DAoC』）というMMO（多人数同時参加型オンライン）RPGで、ずーっとルリキーンという種族の女性で魔法使いをプレイしていました。僕は“ロールプレイ派”でしたので、ゲーム内のキャラが女性である以上、片言の英語（『DAoC』は北米のゲームだったので）でチャットするときも、身内とプレイするとき以外はできるだけ女性っぽい言葉で話すようにしていました。

『DAoC』はRvR（※1）を主とする対人戦の色濃いゲームでしたので、戦場に出るとそりゃもう殺伐としたものです。だからこそ、できるだけ“おしとやか”なチャットを打つようにし、エモートモーション（※2）も女性らしいものを多用するよう心掛けつつプレイ。

---

※1 RvR……Realm vs Realmの略で、Player vs Playerに対して、軍勢どうしが大規模に戦闘するゲームジャンルを指すことが多い。『FFⅩⅣ』のフロントラインは地域限定のRvR。
※2 エモートモーション……感情表現動作。“祈る”とか“大笑いする”など、感情を表現するためのキャラクターモーションを再生すること。ちなみに「Thanks my knight」とセットで使っていたのは、相手に“ひざまずく”というモーションでした。

ところが、当時僕が使用していた“エンチャンター”というクラスは、相手を倒すためだけに存在するような、殺戮マシーン的な役割だったのです。戦場に出ると魔法を撃ちまくって敵をなぎ倒す、それが僕の役割でした。

そうしたプレイをしているうちに、そこに“ギャップ萌え”（もう死語か？）の要素までも発生することになるのです。ふだんは片言の英語しか話せず、でも必死にエモート（感情表現）を駆使する女の子。しかし戦場に出ると……といった感じですね。

僕は魔法使いだったので、獰猛な他国の戦士たちに囲まれるとあっという間に死んでしまいますが、味方の盾役たちは僕を守るために“ガードアビリティ”（※3）を使い、僕のキャラに群がる敵を盾で殴りつけて気絶させ、僕を逃がしてくれるのでした。戦闘に勝利してひと休みするとき、僕は守ってくれた騎士たちに対し、おしとやかに膝を折り、「Thanks my knight」というセリフを送るのです……（こら、そこ！ 顔をしかめない！）。

これこそが“ロールプレイ”なのです。僕は決して“誰かを騙そう”とか、“女性のフリをして、アイテムを貢いでもらおう”とか思ってプレイしていたわけではなく、演じるのが楽しかっただけなのですが……しかし、これがのちに悲劇を生みます（おもに相手にとっての悲劇）。

当時、よくパーティを組むメンバーが複数いて、数人がアメリカ人、数人がシンガポール人という構成でした。アメリカ側のメ

※3 ガードアビリティ……『FFXIV』で言うナイトの“かばう”に似た効果のアクション。味方のひとりを対象指定してこのアクションを使うと、対象者の至近距離にいる場合、対象者が敵から受けた物理攻撃を肩代わりしてくれるもの。『DAoC』の場合、上級者でなければ使いこなせない、地味だが効果的なアクションでした。

ンバーには、いつもハラスメントスレスレの(というかほとんどアウトだったが)下品なジョークばかり言うG氏というやつがいて、チャットでもみんな笑い転げていたものです。そんなときにも、シンガポールのプレイヤーであるD氏は、僕のことを気遣って「そこまで下品なこと言わなくてもいいだろう」と、よく彼をたしなめてくれていました。D氏はいつも僕のキャラをかわいがってくれ、前述した“ガードアビリティ”をつねに僕に使ってくれた紳士でもありました。

そんなある日のこと、いつものようにログインすると、すぐに彼らからパーティの誘いがあり、戦場に出ようという話になります。すぐさま準備をして隊列を組み、敵を求めて戦場フィールドを駆け巡っていたのですが、この日は他国のプレイヤーがあまりおらず、移動している時間が長くなり、必然的にチャットがはかどります。そこでG氏が言います

**「ヘイ、Cell(僕のキャラのあだ名)、日本人の女性だと、どんな人がタイプなんだい?」**

僕が「どう返事をしようかな」と考えていると、D氏が割って入ります。「何を言ってるんだい、女性に女性のタイプを聞いてもしかたないだろ?」と。

**G氏「は? 女性? 何を言ってるんだ?」**

チャットに流れる微妙な空気。

D氏「だって、Cellicaは女性だろ？ ジャパニーズ女子高生」

ちょ、ちげーよ!!! 女子高生はどっからでてきたんだよ!!! www

G氏「わはははははははははは、何言ってんだ、Cellicaは男だぞ。おっさんだ！」

そうなんだよね、G氏は女の子が大好きで、僕にも真っ先に「お前は日本の女性なのか？」って聞いてきた（しかも、このチャットの1年以上前に）ので、「No」と答えていたのでした。ところが、D氏は一度も聞いてこなかったのです……。しかしだな、女子高生ってのは、本当にどこから出てきた話なんだろう（笑）。

そしてD氏は沈黙のまま、パーティは戦場を走り続けます。しかし、僕は自分の画面に出ていたD氏からの"ガード"のアイコンが、そっと消えていくのを見つめていました……。

さて、いずれにせよ、吉田はシンガポールの若き男性の夢（D氏は当時17歳）を、結果的にブチ壊してしまったのですが、こうして『DAoC』における僕のロールプレイは終わりを告げました。それは、決してネカマプレイではなく、ロールプレイ。

世にオンラインゲームをプレイしている男性は多いかと思いますが、このお話のように、「あの子、もしかしたら女性かな？」と思ったとか「キャラクターを通じて、相手にほのかな恋心を抱いてしまった」という経験は、けっこう多いのではないでしょうか。

なんとなく、見分けるコツもあるのですが(経験則に基づく)、それを書いてしまうのもおもしろくないので、やめておきます(笑)。

ちなみに件(くだん)のD氏ですが、その後も男性どうし仲よく遊びましたし、いまでもオンラインチャットで話すくらい、長年の友だちとして付き合っています。そんなD氏に、冗談で当時のことを言うと、「やめてくれよ恥ずかしい、俺はけっこう本気で恋してたんだぞ!」と言ってくれます。 Thanks my knight :)

# 「死活問題」
（2015年11月5日号掲載）

インターネットサービスプロバイダー、略してISP。いまの時代、読者の皆さんのほとんどが、自宅にインターネット環境が存在し、空気のようにインターネットや家庭内LANを使っていると思います。もちろん、『FFⅩⅣ』プレイヤーの皆さんはインターネットがないと『FFⅩⅣ』が遊べないわけで、ある意味生活必需品。そして、インターネットを使用するために、皆さんは必ずこのISPと回線の契約をしていることになります。今日は、そのISPに関するお話。

いまから約20年前、WWW（ワールドワイドウェブ）が世に普及し始めたころ、このISP業者の数は少なく、インターネットに接続している人は、このISP選びにいろいろ困難がありました。いまではマンションやアパートなどの賃貸物件なら、とくに意識しなくてもインターネット回線が敷設されており、家を借りるときに、追加でインターネットの契約をするだけで済む時代。ケーブルテレビに併設されているものも多く、“ISPを選ぶ”ことを意識していない方も非常に多いはず。

ところが、“オンラインゲーマー”にとって、このISP選びは非常に重要なことなのです。オンラインゲーマー、とくにPCでオンラインゲームをプレイしている方は、オンラインゲームに特化したゲーミングマウスやキーボードを選び、スポーツ選手のように、使用する機器にこだわりを持つことも多いです。しかし、入力デバイスよりも、最初に気にかけたいのが、じつはこのISPだったりします。

インターネットとは、地中を走るケーブルや、電話回線を使って"パケット"と呼ばれるデータを送受信して成り立ちます。自分のPCやゲーム機から入力情報などを送信、これがケーブルを通って、ゲーム会社などが運営するサーバーに届き、サーバーは受け取った情報をもとに、キャラクターの移動やバトルの結果を計算し、またこのケーブルを通って結果となる"パケット"を皆さんに送り返します。つまりインターネットを使って、情報のキャッチボールをしているわけです。非常にシンプル。画像の場合も動画ストリーミングも、すべて同じ原理で動いています。送信元である皆さん自身を"クライアント"、受け取る通信相手を"サーバー"と呼ぶことにします。

極端に単純化すれば、このクライアントとサーバーは、1本のケーブルでまっすぐにつながっているとみなすことができます。とくに寄り道もせず、ご自宅とスクウェア・エニックスのサーバーが、ケーブルで直接つながっていると想像してみてください。無線であるWi-Fiも基本は同じで、Wi-Fi機器からパケットが目に見えない電波で発信され、近くにある"ルーター"がそれをキャッチ、そこからけっきょくは地中のケーブルを通って、サーバーに情報が届けられます。データを受信するときは、単にその逆なだけ。つまり、発信されるPCやゲーム機が、ケーブルでつながっているか、いったん電波として発信されたものが、ケーブルを通過してやり取りされるかの違い。無線はひと手間多いわけです。

そしてISPとは、このケーブルを地中に埋めたり、Wi-Fiの電波を受け取る"基地局"を設置したり、購入したりして、皆さんのデータを扱う通信事業者のことを指します。ISPには自分の会社資産でケーブルを持っている会社もあれば、ほかの大手ISPの回線の“一部を借りて”営業している会社も存在します。

しかし、現実のインターネット回線は、クライアントとサーバーが、1本のケーブルでつながっているほど、シンプルなものではありません。例として、航空会社のWebサイトにアクセスし、“路線図”を見ると非常にわかりやすいのですが、インターネット網はまさに字のごとく“網”になっており、各社ISPの持つケーブルは日本全国の地中で複雑に絡み合い、いくつもの基地局を通過し、データのやり取りが行われます。さらに、このケーブルには“太さ”という概念があり、ケーブルが“太い”ほど、ケーブル内を大量のデータが通過することができるのです。細いホースと太いホースでは、単位時間当たりに流せる水の量が違います。それと同じことです。

じゃあ、単純に太いケーブルを持つISPを選べばいいじゃん！ということになるのですが、半分正解で半分間違っています。太い回線を持っているA社と、その半分ほどの太さの回線を持つB社があったとします。A社はとても宣伝が上手で、大量の“クライアント”を抱えています。たとえば、A社と契約している人が30万人。B社の回線はA社の半分ほどの太さしかありませんが、回線品質を考えて、契約者数をあえて絞っており、10万人しかいないとします。この合計40万人が同じデータを一斉にやり取りした場合、データが流れやすいのはB社になります（極端に単純な例として説明しています）。つまり、一概に大手がよい、とは言えないことになります。ケーブルの太さの身の丈に合わないくらいクライアントを抱えている場合、いくら他社に比べてケーブルが太いとしても、実際には"詰まり"が発生してしまうのです。

さらに複雑なのが"乗り入れ"という概念で、とある区間(駅でたとえると東新宿と新宿間)はA社のケーブル、また別の区間(新宿から初台)はB社のケーブルが敷かれている場合、東新宿から初台へデータを送るとすると、パケットは最初A社のケーブルを通過し新宿へ到着。パケットはB社のケーブルに乗り換えて初台へ向かいます。A社とB社はお互いに契約して、「お宅のケーブルを使わせてね」と約束して、自社で用意するケーブルの長さを節約しています。つまり、皆さん"クライアント"がお住まいの場所(例では東新宿)と通信先である"サーバー"の所在地(例では初台)によって、"どの路線を経由して、何回乗り換えるのか"も重要になってきます。仮にB社の回線品質がよくても、A社の区間で渋滞やラッシュ、機器故障が発生していれば、回線品質のいいB社と契約していたとしても、データ到着まで遅延が発生することになるのです。

さらに困ったことに、これらインターネット回線のケーブルは、そう簡単に太くすることができません。設備投資にお金がかかるからです。一方、日本でインターネットを使う人の数は飛躍的に増えており、日本全国でやり取りされるデータの総量は、加速度的に増加しています。ケーブルの太さには限界があるので、どこかでデータを"絞らないとケーブルが破裂"してしまいます。最悪の場合、中継基地でデータを"捨てる"ことすらあります。これが一般的に言う“パケットロス”につながります。データは新宿駅に到着したのに、ラッシュだったので、電車に乗れなかった、という現象です。

さて、ここまで読んだ方で「これ、試してみないとわからんってことじゃ?」と思ったなら大正解。お住まいの地域にもよるため、実際には“使ってみる”まで、本当のところがわからないのは事実です。しかも近年では、スマートフォンのOS更新がかかると、数千万人が一気にこれを行うため、数日から2週間くらい、データの詰まりが発生しやすくなったりもします……。

オンラインゲーマーにとって死活問題となるISP選び、そろそろ紙幅が尽きたので、このお話、次回も続きます。

# 「備えあれば憂いなし（やりすぎ説）」

**（2015年11月19日号掲載）**

インターネットサービスプロバイダー（ISP）選びは、経路や乗り入れの問題があって、なかなかに難しい、というお話が前回のコラムでした。今回は後編として、さらに突っ込んだお話を。

「パケットロスとかいう単語を聞くけど、うちでは問題ないよ。君と同じプロバイダーに契約しているけど」という会話の場合、「同じ交通会社を使っているけど、お互いの住んでいる住所が違うから通勤ルートが異なり、渋滞に遭う人と、遭わない人がいるのよね」という返しをするのがパターン1。「Webサーフじゃパケットロスなんか気づかないよ」という回答するのがパターン2。インターネットをWebサーフや動画ストリーミング視聴で使用するくらいだと、“ロス”には気づきにくい。“回線が細くてデータの送受信が遅い”のと、“情報が欠落してなくなってしまう”は、根本的に異なるからです。

オンラインゲームにとって、最大の敵は“パケットロス”です。自分のゲームマシンやPCから送ったはずの情報が迷子になり、捨てられたり、欠落したりしてしまうことで、サーバー側に情報が届かないため“そもそも情報なんて送られていない”という結果になるためです。オンラインゲームの場合、キー入力をくり返し何度もサーバーに送ったりはしません。なぜなら、キャラクター操作に違和感が出るためです(※1)。できるだけ情報サイズを小さくし、即座にデータを送信します。そのため、その情報が「なかったこと」になると、「移動したはずなのに、攻撃したはずなのに、

---

※1 キャラクター操作に違和感……実際には、移動予測によるサーバー補正などを行うゲームがほとんどなので、移動キー送信のロスが1回出ても、気づきにくいような工夫やストレス軽減を細かく行っています。

何も発生していない」という結果になってしまいます(俺の画面では避けていた！ がわりとこれです)。

しかし、Webサーフや動画視聴、ライブストリーミングの場合、“情報をください！”というリクエストを定期的にサーバーに送信しているので、途中でロスがあっても、つぎのリクエストがサーバーに届けば、表面上は何事もなかったかのようにページが表示されたり、動画が再生されたりします。“遅い”とか“重い”と感じることはあっても、“命令を何も受け付けてくれない”という感覚は感じにくいのです。

これら“遅延”や“ロス”がどのくらい発生しているのか、お使いのPCで調べることができます。“スタート”をクリックし、“プログラムとファイルの検索”を選び、“cmd”と打ち込んでEnterキー。これで“コマンドウィンドウ”が開きます。ここに“ping 124.150.157.29 -n 50”と打ち込んで、Enterキーを押してみましょう。何やら数字が流れていくはずです……。

これは、IPアドレス(※2)というインターネット上の住所に対してパケット(情報)を50回送るコマンド。124.150.157.29は、『FFXIV』のチョコボワールドのIPアドレス(住所)です。あなたのインターネット環境から、チョコボワールドに50回ノックをしてみた、という感じです。結果表示のところに“損失=0(0%の損失)”などが書かれているはず。この場合、パケットロスは発生しておらず、非常によい状態です。また、最少、最大、平均、59msなど、“XXミリセカンド”と書かれているのは、通信時間の最少と

※2 IPアドレス……文中にも書いた通り、インターネット上の住所のこと。グローバルIPは重複がなく、契約者単位のユニークなアドレスになる。ネット犯罪はこれで割り出されることがほとんど。悪事はやめましょう(笑)。

最大、送ったパケット数に対しての平均です。この数字が小さければ低いほど、データが高速にやり取りされていることになります。

ここで"ロス"が10%を超えているようだと、オンラインゲーマーにとってはかなりきびしい。つまり、"送ったはずの情報が10%も欠落している"ということなので、簡単な例で言うと、10回ジャンプの入力をしたうち、1回はサーバーに命令が届いていない、ということになります。これは、FPSなどでは致命的です。

ではつぎに、この"ロス"がどこで発生しているのかを調べてみましょう。先ほどと同じコマンドウィンドウを開き、"tracert 124.150.157.29"と打ち込んでEnterキー。"ルートをトレースしています"と出て、何やら処理が実行されます。これは、"特定のIPアドレス(住所)に、使っているPCから、どんな経路で情報が送られているか"を調べるものです。つまり、自宅から勤務先や学校へ、どんな経路を使って通勤/通学しているのかを調べるのと同じことです。数値の大きいところで情報が詰まっていることがわかり、タイムアウトした場所ではロスが発生しています。

実際の通勤や通学と同じで、経路が多すぎると、それだけ遅延やロスが発生しやすくなります。電車の乗り換えが多いと、徒歩や乗継時間が発生するのと似たようなものです。さらに勘のいい方ならすでにおわかりだと思いますが、現実の通勤や通学と同じく、この調査には"時間帯"も関わってきます。つまり通勤/通学のラッシュ、帰宅ラッシュの時間ほど、渋滞や電車遅延に遭遇する頻度が上がるということです。日本のインターネットのピーク時間(インターネットが大混雑する時間）は20時～23時半ごろで、ピークは22時半ごろになっています。昼間に計測するのと夜に計測するのとでは、結果が違うのです。

「え？ でも、実際の交通渋滞と違って、遅延要因が少ないんだから、そこまで変わるものなの？」と感じる方もいらっしゃると思います。じつは、このピークタイムには、“帯域制限”という大きな遅延要因が存在します。

前回のコラムで書いた通り、インターネット網は水を撒くためのホースのようなもの。太さも、水を流せる量も決まっています。しかし、このピーク時間になると、そのホースの太さ限界以上の水（データ）が流し込まれるので、そのまま放っておくとパンクしてしまいます。ですので、ひとりひとりがデータを流せる量を均一に制限したり、一部のパケットを間引いたりすることで、何とか全員に通過してもらう、という措置が取られます。これが帯域制限と呼ばれるものです。

日本のインターネット人口や、ひとりあたりが送受信するデータサイズは、爆発的に増え続けており、各プロバイダーの皆さんがいくら設備投資努力をしても、追いつく速度には限界があります。また、スマートフォンのOSがアップデートされた際などは、数千万人が数ギガバイトのアップデートを行うことで、数日から数週間、影響が出ることもあるのです。

さて、2回にわたってISPの選択について書いてきましたが、これだけの要因がある以上、真剣にオンラインゲームをプレイするなら、自衛の方法はふたつしかありません。

**❶契約してみて試す**
**❷複数のプロバイダーと契約する**

契約しようかな、と思っているプロバイダーを事前調査することも大切ですが、自分の住んでいる場所が遅延やパケットロスの要因のひとつでもある以上、最後は使ってみるしかない、というのが結論です。通信する相手先のIPアドレスも重要なので、あるゲームでは快適なのにあるゲームではロスがひどい、などということもふつうに発生することになります。とくに、海外にサーバーのあるゲームに接続する場合、海中ケーブルを通ってパケットがやり取りされるため、遅延やロスの可能性は非常に大きくなります。いずれにせよ、ご自身のインターネット環境をしっかり把握しておくということが、何よりも大切だと思いますので、ぜひこれらのテストをお試しくださいませ！

そんな吉田ですが、じつは4つのサービスプロバイダーと契約をしており、「ロスがひどくなってきた！」と思ったら、別の回線を使うようにしています（笑）。設備投資の状況も各会社さんで違いますし、そのゲームに適して、その時期に応じた回線を使う、という考えかたです。ルーターで切り換えも即時可能！

備えあれば憂いなし。でもまあ、4回線はさすがにやりすぎでしょうね……（が、解約が面倒（笑））。

## 「急がず、焦らず」

（2015年12月3日号掲載）

吉田はミステリが大好物です。ミステリーではなくミステリ。どっちでもいっしょなんですが、書くときも発言するときも“ミステリ”と言います。由来は、日本の“新本格”（※1）と呼ばれたブームが来たときに、ドハマりしていたことがきっかけです。ミステリはとくにパズラーが大好きで、トリックが抜群であれば、ほかには目をつぶれるくらい好物です。

「活字が苦手なんだよな」とか「本を読んでいると眠くなる」というお話をよく聞きますが、確かに小説は受け身では価値の得られないエンターテインメントなので、テレビのように流し観していればよいわけではありません。本を読んで眠くならないためには、“真剣に1文字ずつ理解する”以外に方法がないかもしれません。真剣に1冊読み切って、それがとくにおもしろい本であれば、きっとつぎからは楽に本が読めると思うのですが……。

ミステリというジャンル、とくに本格推理小説のパズラーモノは、ほかの本とちょっと読みかたが異なります（一部の人かもしれませんが）。パズラーの定義を書いていると、紙幅が足りなくなってしまうので割愛しますが、とにかく“密室トリック”とか“首切りの論理”（※2）のように、犯人の動機よりも、どうやって犯人はこの不可能犯罪を成しえ、探偵はそれをどう“論理的”に解決するのかに、話の中心軸が置かれたものを指しています。

ある種、この手のミステリは、“小説”というよりも、本当に“パ

---

※1 新本格……島田荘司氏が推薦してデビューした綾辻行人氏や法月綸太郎氏、安孫子武丸氏などから始まった本格ミステリの波。1980年代後半から1990年代にかけて、多くの本格ミステリ作家がデビューした。

※2 首切りの論理……被害者の首を切断する、という残虐性の裏に“犯人はなぜ首を切断しなければならなかったのか”を論理的に考えるなど、パズルモノの一環。ミステリをたくさん読むと、「なぜ？」をひたすら考えるクセがつく。

ズル”に近いのです。ミステリ作家は文章の中に、“読者に気づかせないように”しながらも、読後に「アンフェアだ！」と言われないために、必死にヒントや論理につながる言葉の鍵を仕込んでいきます。ですので、読みかたもふつうの小説ではなく、パズルを解くように読むとより一層楽しめるので、ちょっと吉田なりの読みかたをご紹介。

本格パズラーものを読む際、もっとも楽しいのは、犯人を追い詰めていく“解決編”にいたったときに、“自分の推理が正しかったかどうか”、答え合わせをすることにあると思っています。よって、重要になるのが、作者によって隠されたヒントの数々。それは、作中の人物のセリフもそうですが、情景描写に紛れ込ませることも多く、一字一句見逃せません。よって、“急いで読もうとしない”ことが大切です。

ミステリに限らず、一字一句読み進めるコツは、文字を理解して、頭の中に映像として思い浮かべることです。描写ならそのシーンを、キャラクターなら身近な誰かや、俳優の顔に置き換えてしまいましょう。それだけで、すんなり理解できたり、読むのが楽になると思います。そして、作者のヒントを見逃さないように、違和感を覚えるシーンがあれば、それを記憶していきます。また、矛盾があると感じた場合、矛盾の原因を筋道立てて答えられるまで、読む手を止めて考えたり、過去のページへさかのぼって読み返しを行います。自分なりの答えができたり、納得できたら再び読み進める。「なんか怪しいけど、よくわからん！」で放置せず、パズルだと思って自分なりの答えを出しましょう。

こうやって読み進めていくと、探偵役が「謎はすべて解けた」と言い放つなど、いわゆる決めゼリフが出てきて、いよいよ解決編が始まるわけですが、ここでまた読むのを止めます。自分なりの回答があるならもちろん読み進めますが、このセリフが出たということは、作者的には「もう全部謎は解けるはず！」と考えています。つまり、ヒントはこのセリフよりも前のページにすべて揃っているということ。また、このセリフの直前に、最大のヒントが隠されていることも多いので見逃さないように！

自分なりの推理ができたら、解決編を読んでいくのですが、ここまで来たら最後まで読むのを止めないようにしましょう。「え？」とか「は？」とか、いろいろな気づきがあると思いますが、作者の回答がその本の真実なので、ひとまずそれを受け入れます。「やられた！」と思えれば、その本は貴方にとって、良作のパズルだったということです。おめでとうございます。

ちなみに、自分にとって良作な本格ミステリは、これで終わりではありません。むしろ、ここからが本番。その本を読み終わって「悔しい」という気持ちになれたのなら、解決編に書かれた内容をすべて理解したうえで、もう一度冒頭からゆっくりと読み直します。作者が仕掛けたヒントや、1回目に読み進めたときの違和感の正体などを、きちんと確認していきましょう。「うわ、ここが鍵だったか」とか、「まさか、気づかなかった」など、納得が得られると、きっとその本がますます好きになることと思います。吉田は良作に出会うと、3回くらいは読み直します。漠然とたくさんの本を読むより、そのほうがより“本を好きになれる”と思うのです。

さて、吉田なりのミステリの読みかたをご紹介してきましたが、いくつか上記に向いた本をご紹介しておきます。『占星術殺人事件』（島田荘司氏）、『迷路館の殺人』（綾辻行人氏）、『すべてがFになる』（森博嗣氏）、『私が彼を殺した』（東野圭吾氏）など。どれも秀逸なミステリですが、本が苦手という方は『すべてがFになる』から読むことをオススメします。コンピューターゲーム好きなら、森さんのシリーズはハマれると思います。『私が彼を殺した』は、なんと解決編がありません(※3)。ご注意を（笑）。

最後に、前述した通り、本は“急いで読まないこと”が大切です。本を“急いで読もう”とすることにはさまざまな理由がありますが、読書が苦手だという人は、どうしても「早く読み終わりたい」という気持ちが働きます。せっかく本を読むのに、早く読み終わりたい？これ、矛盾しているのですが、多くの場合はクセだと思います。小さいころ、親に勧められて無理やり読んだとか、宿題のために読んだとか、結果的に「終わらせたい」と思って読むためです。もう、誰かにせかさせることもないし、自分で手に取った本ですから、つまらなかったら途中で読むのをやめてもいいのです。せっかくなので、じっくり、ゆっくり読みましょう。

※3 解決編がありません……文庫版には袋とじで解決につながるヒントが書かれています。文庫化前は解釈を巡って激論が交わされました。吉田は3日以上悩み続けた記憶が……。

# 「今年(2015年)の秋の東京には雨が多い。」

(2015年12月17日増刊号掲載)

Letter #49

今年の秋の東京は、雨が多い気がする。気がするだけで、統計を取っているわけではない。だから、一概に正しいとは言えないけれど、それでも多い気がしている。先日、自宅近くの小学校に通う子どもたちが、“秋の記録会”というものの練習をしていて、その本番が嫌で、「雨で中止になったらいいのにね」という会話が聞こえてきた(単に、すれ違いざまに聞こえただけです。念のため)。

話の流れからすると、“秋の記録会”とは吉田も学生のころに経験した“マラソン大会”というもののようだ。うん、確かにあれは中止になってほしいと、当時の吉田も切に願った。べつに走るのは構わないのだが、学校に集合したのちバスに乗り、遠くまで出掛けたうえに、ゴールからさらに遠いところでバスから降ろされ、走ってゴールまで向かえというものだったように思う。

この“ゴールまで向かう”とか、“目的のために1歩ずつ近づく”という行為自体は、いろいろ経験しておいて損はないので、その点は否定しない。世の中には、「なぜそれをしなければならないのか」と疑問に思うことはいくらでも発生するからだ。もちろん、盲目的に従え、というお話ではない。

しかし、順位付けはいらないと思う。同じ距離を移動し、目的地に到着したこと自体は等価値で、早いか、遅いかの違いは、その価値にはなんら関係がないからだ。だから子どもも嫌がる。親には、「何位だったの?」と聞かれ、去年の順位より“ひとつでも上でゴールすること”に価値があるようなことを言われる。そうではなく、着実に目的に近づき、ゴールへ到達したことや、そのゴールへ向かうあいだに何を見つけたか、感じたかにも価値はあるはずだ。順位をつけたいのなら、1位から3位くらいまでにしたらいかがか。どうせ、それ以外の順位に“価値はない”とみんなわかっているのだし(暴論?)。

仕事でも同じようなことが言える。学生のころのマラソン大会は、途中でだるくなって歩いたとしても、3時間程度で終わるが、仕事の場合の“本来のゴール”は、マラソン大会のように短距離ではない。

「この書類を2時間で仕上げておいて」という、曖昧な発注を上司から受けたとする。実際にその書類が“誰に提出され、どのように使われ、どのような結果になるのか”まで考えると、単に書類を2時間で仕上げたとしても、それは仕事上のゴールではない。あくまで“作業上の締切設定”でしかない。そもそも、「仕上げておいて」とは、いったいどのような発注なのか。仕上げ目前なのであれば、ご自分でなさるほうがよいのではないか。そのほうが、書類の“目的”に対しては、より正確な仕事になるのではないか。脱線した。

仕事や勉強の先にある目的を達成しようと思えば、長距離走のような“ペース配分”が必要になる。この仕事や勉強におけるゴール設定は、個人によって差があって当然なので、目的地までの距離や、それにかかる時間はマチマチだ。高校1年生の学生が、「特定の大学へ現役で合格しよう」という目標を立てた場合、その距離(期間)設定は3年間になる。日々の授業や自習は、3年間という期間と、目標にした大学への必要偏差値、試験内容の傾向などを測ることで、ペース配分ができる。また、自分で"現役で"と決めたので、3年間という限られた時間も目標のひとつになる。

仕事でも、「今月も給料をもらうためにがんばろう」と決めれば、最長約1ヵ月の目標になる。給料が下がってもよいのなら、仕事の内容についても、大きな失敗をしない程度でペース配分をすればいい。これらに"速さ"という順位は関係がない。自分の現在の能力を知り、計画を立て、計画に沿って実行しながら、ときどきゴールとの距離を確認して、ペースや方法を修正することのほうがよほど大切だと思う。だから、目標までの距離や時間の設定は、明確なほうがいい。距離や時間を設定せずに走ることは、ペース配分ができず、ただ疲れるだけだ。自分の能力には限界があり、つねに全力で走り続けることはできない。

仕事をしていて、どうしても、「仕事をしたくない」という瞬間が吉田にもある。疲れているとか、ストレスが溜まっているとか、ある程度理由を考えるものの、よくわからない。強いて挙げるとすれば、仕事よりもほかに"無性にやりたいこと"があって、我慢できないときに多いような気がする。こういうときには、目標までの距離とペースを再確認し、計画が狂わないと判断したら、すっぱり仕事をせず、ほかのやりたいことをさっさと済ませるようにしている。期待していた通りのおもしろさや、楽しさが得られたなら、それに満足してまた仕事に戻る。

ただし、ゴールまでのペースに問題があるのなら、ペースを取り戻すほうを優先するか、目標までの距離の計測に問題がないかを考える時間に充てる。ペースが遅れている場合その原因は、"先に好きなことをやってしまった"という理由であることが多い。つまりツケが回って来ている、というやつだ。こういうときは、ペースを取り戻して、"距離と時間に余裕をもってから、好きなことをする"。そのために、「いまがんばる」と考えると幾分楽に仕事ができる気がする。

いまこのコラムを書いているのは、2015年11月24日午前0時4分。締切が12時間後に迫っている。昨日やっておくべきだったが、昨日はコラム執筆よりも『FFXIV』のレイドダンジョンである"機工城アレキサンダー零式"の攻略を優先した。さらに正直に言えば、今日は蒼天幻想ナイツ・オブ・ラウンドに行きたかった。

しかし、コラムのスケジュールを確認し、コラムのストックがないことを確認して、いまにいたる。目標までのゴール設定と、ペース配分がいかに大切か、身をもって感じているため、コラムにまとめてみた次第である。とりあえず、ファミ通のコラム連載陣に、原稿到着順位による評価がないのは救いだと思った。コラムは雨が降っても中止にならないので、今年の秋の東京に雨が多いかどうかも、関係がない。

# 「数字には意味がある」

（2015年12月31日号掲載）

年末である。今回で2015年最後のコラムな気もするけれど、出版業界の年末進行は恐ろしく複雑なので、よくわからない。吉田はあまり年末年始に特別な感情はなく、「ああ、会食のお誘いが多いな」とか、「大作ゲームの発売ラッシュだな」というくらいで、ふだんとあまり変わりがない。ただ、学生のころにおもちゃ屋さんでアルバイトをしていたので、基本的には1年でもっとも忙しい時期だったのを思い出す（『ドラゴンクエスト』の最新作が発売されるときが、例外的にもっとも忙しい）。

おもちゃ屋さんでのアルバイトは、股関節を痛めて高校サッカーを引退してから、函館に住んでいたころに1年。その後、札幌に移って専門学校時代に2年くらいだったろうか。いずれも、当時北海道の大手玩具問屋が経営している、道内チェーン店のおもちゃ屋さんだった。とくに函館時代にお世話になった店長さんに、"仕事とはどういうものなのか"を、その働きっぷりや行動によって強く教えられた。

函館時代のアルバイト先は、イトーヨーカドーの中に入っているテナントで、独立した店舗を持っているわけではなかったけれど、チェーン店の中で7年連続売上1位というお店（函館市内では当然ぶっちぎりナンバーワンのおもちゃ屋さんだった）。一見なんの変哲もない店なので、よく視察に来ていた他店の店長さんが、首をかしげていたのがおもしろかった。

じつは吉田はこの店に、小学校5年生のときから客としてよく遊びに行っていた。当時の店長は19歳のアルバイトだったが、ラジコンの制作から修理、おもちゃのメンテナンスまで、とても器用にこなす人で、子どもだった吉田も、何か買うわけでもないのに遊びに行き、店長やスタッフのみんなに随分とかわいがってもらったのだ。交流は高校生になっても続き、それが縁でアルバイトをすることになった。

店長になってもやさしく接してくれたお兄ちゃんは、吉田が高校生になるころには、とても格好のいい大人になっていた。小型のスポーツカーに乗っていて、アルバイトが終わると、よく自宅まで吉田を送ってくれたりもした。お店の閉店は20時で、その後に店長は帳簿をつける。それを待っているとき、「吉田、数字には必ず意味があるって知ってるか?」と聞かれたことがある。「意味?」と問い返すと「そう、たとえばこの帳簿に書かれた売上だけど、合計が正しく計算されているかとか、レジの金額と合っているかとか、皆そういう数字を気にする。でも、そんなことはどうでもいいんだよ」と店長。「たとえば、クリスマス。売上は1年でもっとも高くなる。でも、その売上は、お客さんが買いたいと思うものがうちの店にあるかどうか、それによって数字が大きく変わる」。「仕入れが大切ってことですか?」と吉田。「いや、それだけじゃない、自分のお店に来るお客さんを、どれだけ知っているかによるんだよ」。

店長は、とにかくお店に来てくれるお客様のことを、信じられないくらいの正確さで覚えている。どんな物を買ったことがあるのか、どんな家族構成なのか、そのお子さんがどんなものを欲しがるのか。つまり、帳簿に現れる数字は、ノートに書かれた数字ではあるけれど、“お店の特性”と“お店に来てくれるお客様の特性”が、数値化されたものである、という意味だった。

この店でアルバイトをしているとき、一度だけ、店長が激怒してスタッフを怒鳴りつけている場面に出くわしたことがある。桃の節句、つまりひなまつりの時期、総合おもちゃ屋さんだった店には、たくさんの雛壇が飾られる。当時20万円を超える高級な雛壇から、数万円のリーズナブルなものまで(それでも随分値段の張るものだ)、品揃えは豊富だった。店長が怒鳴ったのは、その数万円の雛壇が売れ、スタッフがそれを梱包していたときのこと。

「その梱包のしかたは何だ! 毛ばたきを持ってこい! 手袋をはけ! お前がいま梱包している雛壇は、○○さんが娘さんのために、一生に一度と思って買ってくれたものだぞ。それをわかってるのか! そこで俺が梱包するのをしっかり見ておけ!」

店長は腰につけていた白い手袋をはき、毛ばたきを器用に使って、ひな人形ひとつひとつに対して、ついているかどうかわからない埃を丁寧に払い、和紙で完璧に包んでいく。最初は怒鳴られて立っていたスタッフも、それを見て手袋をはき、同じように毛ばたきで店長を真似ていく。そういうお店だったのだ。

ゲームに詳しかった吉田の持ち場はゲーム売り場。しかも、アルバイトなのに仕入れも担当。「お前はゲームに詳しいんだから、何が売れるか、何本仕入れるか、お客さんを見て考えてやってみろ」と。吉田がかつてそうだったように、お店にはたくさんの子どもたちがやって来る。買ったゲームがクリアーできないと聞けば、店先でいっしょにプレイしてクリアーのコツを教えてあげたり、ゲーム好きのお父さんたちに「絶対おもしろいから！」と『ロマンシング サガ』を勧めてみたり。でも、店長の仕入れには、最後まで敵わなかったな……。

「吉田、『アンパンマン』の仕入れは、なんで1本なんだ?」と店長。
「え、だってこれ、発売されたの半年前ですよ？ それでも、『アンパンマン』は通年商品なんで、つねに在庫しとこうかと思って……」。
「3本にしといて。大丈夫、3ヵ月でなくなるから」

3ヵ月後、確かにアンパンマンは売り切れ、その後また追加発注することになった。でも、そのときは1本だけ。売れた理由は、この3ヵ月のあいだに、常連のお客さんのお子さんが誕生日を迎えたから。そして、追加の1本は「通年商品なんだろ？ うちの店は、市内のおもちゃ屋を全部探し回っても見つからなかったものが、ここになら売っているって、最後の砦みたいなもんなんだよ。それでお客さん、見つけたときにものすごく喜んでくれるんだぞ」と笑う店長。敵わない人でした。

その後、札幌に移った吉田は、店長の紹介で大通公園の地下街店でバイトをすることに。ここでも仕入まで担当させてもらったのだが、『真・女神転生』を60本仕入れ、3本しか売れないという大失態を演じてしまう（そのうちの1本は吉田が買ったもの）……。

函館店では絶対に売れていたはずのこのゲームが、どうして売れないのか、必死に理由を考える。

ふと、帳簿を見てようやく気づく。ここは観光がメインの大通公園の地下街店。“おもちゃを買いに来るお客さん”が来る場所ではない。通りすがりにふと立ち寄るか、ほかの店が品切れだったときに、たまたま寄ってみて購入するか。全国で流行っているものが、必ずしもその店で流行るとは限らない。“数字には意味がある”を札幌に移ってから、ようやく理解できた吉田なのでした。

年末になり、クリスマスが近づくと、そんなことを思い出す。吉田にとって年末は、そういう時期。

# 「オマージュ」

**(2016年1月21日増刊号掲載)**

あけましておめでとうございます！ と言っても、吉田はあまり年末年始に興味がないので、活動としてはふだんとべつに変わりがない。テレビを見ない（朝は情報番組だけ流し見している）生活になってすでに10年以上になるので、年末年始という雰囲気もほとんど感じられない。しかし、会社はそれなりの日数はお休みになるため、まとまった時間が作りやすいという点において、普段とは少し異なった生活サイクルになる。

吉田の場合、年末年始の選択肢は、映画をまとめて観るか、ゲームをプレイし続けるか、スノーボードをしに行くか、というシンプルなものになる。今年は近年まれに見るほどの雪不足で、スノーボードは1月中旬までおあずけ、という雰囲気なので、とくに選択肢が狭くなってしまった（2015年12月20日現在、新潟県にあるかぐらスキー場ですら、積雪が60センチしかない……）。

年末年始に決まって観る映画がある。キアヌ・リーヴス主演の『マトリックス』シリーズだ。「え？ いまごろ『マトリックス』？」と思われるかもしれないが、もう10年ほど、毎年年末に3部作（『マトリックス』、『マトリックス リローデッド』、『マトリックス レボリューションズ』）を通しで観ることにしている。

なぜかと聞かれると、単におもしろいから。『マトリックス』自体の評判は非常に高いが、『リローデッド』以降、あまり評価されていないように感じる。完結編である『レボリューションズ』は、日本アニメやマンガへのオマージュも強いため、若干ギャグっぽく取られるシーンすらあるほどだ。

『マトリックス』は“ゲーム的要素”がぎっしり詰まった映画だと思う。そもそも「あなたが信じている“現実世界”は、果たして本当に現実であると証明できるのか?」というテーマに真正面から向き合い、かつそれをエンターテインメントに仕上げているのは奇跡に近い。とくに、インターネットの概念とVR(仮想現実)の概念を組み合わせた設定の数々は、偏執的だと感じるほど徹底的に練り上げられている。

SFやテクノロジーに興味がない場合は、多少“作り物っぽさ”を感じてしまうのかもしれないけれど、人間の脳を精密機械として扱う科学考証、生体電気、ナノマシンとWi-Fiの組み合わせ、終末論など、日本の有名アニメやマンガをベースにしつつ、“作品”にまとめただけでなく、映像手法やアジア系アクションの取り込みなどでヒット作品に仕上げたのが、何よりもすごいと感心させられる。

“オリジナリティー”という単語があって、日本のゲームではとくに重んじられる傾向にあるように感じられる。新規性、独創性、ほかにない発想などなど。確かに、日本のゲームは独創性が強い。しかしそれは、ゲームがかつて“新しいエンタメ”だったからで、いまの時代となると、完全なるオリジナルでいることなど不可能に近い。どこかで誰かが同じことを考え、「これは新しい!」と思って企画しても、「あ、それって○○でしょ?」と言われたりする。

こう書くと、“発想が貧困”と思われたりするかもしれないが、無知では仕事ができないので、ほかのタイトルを調べれば調べるほど、「自分には完全オリジナル作品なんて無理だな」と思ってしまう。

コンソール（家庭用）ゲームは、歴史を重ねるにつれ、ゲーム性が複雑となり、単一のゲームデザインだけでは成立しなくなっている。それは、ソーシャルゲームとの差別化のためにも、正しい進化だと思うが、そうなればなるほど、パズルゲームのように“たったひとつのイカした発想”で作られたものにはならなくなってしまう。世界観があり、ストーリーがあり、キャラクターがいて、アクション性があれば、どれだって“ほかのどれかに、どこかが似ている”ものになってしまう。これにあらがってゲームを制作することを悪いとは思っていないけれど、“オリジナルである画期的な何か”を形にするまでに長い年月を費やせるほど、僕は自分に対して期待していない。

『マトリックス』シリーズは僕にとって、「徹底的に作り込めば、べつにオリジナルであることになんてこだわらなくたっていいじゃん」と言ってくれる作品。でも、それと同時に、作品を哲学的にしすぎれば、お客様からは理解を得られづらくなり、オマージュをやりすぎればギャグになってしまう、ということも教えてくれる。好きなだけではダメだ、とも痛感させてくれる稀有なシリーズだと思う。

『マトリックス』シリーズでとくに好きなのは、『リローデッド』の後半に出てくる“アーキテクト”というキャラクターと、主人公であるネオの対話シーン。アクション映画として『マトリックス』の続編を観に来ていたお客様に、「？？？」を連発させることになったシーンでもある。ネットでもさまざまに議論されているシーンだけれど、エンタメ性は皆無（笑）。

しかし、時間がある状況で、3部作を全部一気に視聴した場合には、これほど物語の一面を破壊し、その後の流れを一変させるシーンもないだろうな、と思うくらいすごい。何度もくり返し観て、何度も考え、けっきょくは主人公のネオと同じく、「解釈や選択肢は、自分で決めるしか先へ進めないんだな」と、毎年観るたびに思う。

ゲームを作ることにしても、最初は設計図もないので、仕様書という“とりあえずの答え”を書き散らかしながら、「きっとこれで正しいハズ」と思って前に進むしかない。そのときどきで悩んだとしても、間違えたとしても、つぎに間違えないように、考え続けることがすべてだと、今年も『マトリックス』を観て、そんなことを感じた年末年始。「いや～、映画って、本当にすばらしいものですね（オマージュ）」。

# 「ままならない」

**（2016年2月4日号掲載）**

謹賀新年。（執筆時点で）2016年になりました。改めて、今年も『FFXIV』ともども、よろしくお願いいたします。と、簡潔に新年のご挨拶を書いたところで、コラムは通常営業です。

それにしても、今シーズンは降雪が異様に少ない。どうやら、相当強いエルニーニョ現象が引き金になり、気温が下がる時期が例年に比べてズレているらしい。1月2週目に突入して、やや気温も平年並みに下がってきたようなので、シーズンの後半にかけてまとまった積雪に期待したいところ。

吉田は北海道育ちなので、平野部で降る雪にややウンザリしている地域住民の方が多いことは知っている。しかし、ここまで積雪が少ないと、"それを商売にしている方々"には図り知れないダメージとなり、観光資源を失い、その地域に"お金"が落ちなくなってしまう。けっきょくそれは生活に跳ね返ってくることになるので、やはり雪が降る地域には、少なくとも例年並みには雪が降ってくれないと困る、ということになる。

そのわかりやすい例が"スキー場"である。現在はスノーボードの人口も非常に多くなり、このスキー場という名称も、そろそろ変えてもいいのでは？ と思わなくもない。日本でもっとも早く開き、もっとも遅い時期までスキーやスノーボードを楽しめるのは、北海道のニセコ周辺や新潟のかぐらスキー場あたりだが、今シーズンは軒並み予定していたオープン日に開業することを断念。例年であれば11月最終週にはオープンしているのに、この冬は12月中旬でも一部コースのみオープンという日が続いたスキー場も多い。

スキー場そのものの営業ももちろんそうだが、ダメージが大きいのは周辺の宿泊施設を筆頭に、冬のアクティビティーを提供するレジャーショップや、ガイドで滞在費用を稼ごうと渡航してきた諸外国の方々、さらには飲食店の売上や、ガソリンスタンドなど施設にも波及する。この地域にお住まいの方は、家族ぐるみで“雪”に何らかの関わりを持つ仕事に就いていることが多く、影響は個人ではなく世帯に直撃してしまう。変わったところでは、“除雪業務”も挙げられる。積雪の多い地方では、市や町が年間予算として“除雪費”を確保しており、この費用をできるだけ使い切るつもりで、地域の民間業者に除雪を委託している。が、雪が降らなければ、当然除雪にも出動しないので、出動がなければ代金は支払われない（ある程度は契約金として保障されるだろうが）。

また、ウインタースポーツ用品を扱うメーカーや小売店にもダメージだし、自動車のタイヤメーカーだって思うようにスタッドレスタイヤが売れなくなるだろうし、衣料品を扱う店舗も冬物の売れ行きが悪くなり、こちらも影響が大きい。こうやって挙げていくと、“例年当たり前のものが当たり前に来てくれない”という状況は、経済にとって大きな影響を及ぼすものになる。

とくに、吉田も属しているデジタルエンターテインメントという括りにあるゲーム産業は、生活必需品ではなく、あくまでも“娯楽”を商品にしているため、不景気になると大きく影響を受ける。

景気が悪くなり、家庭に支給される賃金が少なくなったり、物価が上昇してしまうと、生活水準を維持するために、何かを切り捨てる必要が出てくる。節約、と呼ばれるものだ。この節約の対象として、レジャーや娯楽が最初にやり玉に挙げられることになり、結果、ふだんは3ヵ月に2～3本のゲームを買っていた人が、1～2本しか買わなくなるなど、"購入されないゲーム"が出てくることになる。

これはマンガ雑誌や映画産業、音楽産業にも同じことが言えるが、じつは以前といまではやや事情が異なってきたように感じる。各"娯楽"がその個人にとって"趣味"にまで昇格しているかどうかがポイントで、娯楽はある程度我慢できても、趣味の費用を削ろうというのは、心理的に後回しになる傾向が強い。つまり、趣味にまでなってくると、生活必需品の位置に近くなり、節約される対象に引っかかり難くなる、ということだ。

1990年代くらいまで、ゲームは明らかに"新しい娯楽"だった。でも、いまでは文化となり、"趣味"として楽しんでいる人も多くなった。これはプレイ人口の増減の話ではなく、ゲームに対しての"価値観"の変化であり、先達たちが一生懸命にゲームを世に出してきたことが、それにつながっている。だから、先に挙げたような経済の影響は、以前に比べれば格段に小さくなったと言える。

2016年始から日本の株式相場は、中国経済の先行きや、アメリカ市場の影響もあり、強い下落傾向が続いたが、これもひところのように大騒ぎしなくなったように思える。あまり実感はないのかもしれないが、全体で見れば、日本はとてつもなく“幸せ”な状態にある。長らく戦争もなく、政治にある程度文句を言う人がいても、いますぐに行動を起こす人の数は少ない。国の抱える借金はやたらと多いが、この負債状況でもやりくりできていることが、すでに異例な状況だ。

ゲーム産業も、「過去のような成長がなく、危機である」と言う人もいるが、成長がいつまでも続くと思っているなら、それは幻想だと気づいたほうがいい。日本の経済も発展が鈍化したと言うが、それは戦後の混乱から“ひたすら上昇するための努力と、上昇の余地があったから”にほかならなく、永久に発展が続くことはありえない。同じように、雪が降らない冬も、ずっとは続かないと思いたい。

今シーズンは、まだ1回しか滑りに行けていない。吉田にとってこれは、経済がどうこうよりも、最重要な死活問題である。せっかくウェアも新調し、クルマもスノータイヤに履き替え、ボードのメンテナンスもして、経済貢献する気満々なのに、雪だけが、ままならない。

# 「ピンクゴールド」

（2016年2月18日号掲載）

無残にもiPhoneが破損。たまに、端末の液晶画面の一部が割れている人を見て「どうやったら割れるんだろう？」などと、割った人の過失をなかば信じられない気持ちで見ていたのが、いまでは恥ずかしい。都内にまとまった積雪があってから数日後の某日、深夜に帰宅してクルマから降りようとしたら、手からiPhoneが滑り落ち、このザマである。単に落としただけ。落とした直後に“ガジャン！”という、ふだん聞き慣れない音がしたな、とは思ったが……。

（撮影：吉田直樹）

iPhoneの画面なんて、そう簡単には割れない。と吉田は思っていた。価値観による思い込みだが、『FFⅩⅣ』の運営をしていく中で、プレイヤーの皆さんのデータを見ていても同じことがある。とくに、“離脱位置”(※1)についてのデータでは、「え？」と思うことが多い。

『FFⅩⅣ』は、MMORPGというジャンルのゲームの中でも月額課金制であるため、プレイヤーの皆さんが“どこでゲームをやめてしまったか”は死活問題となる。プレイ料金は無料ではないので、14日間無料(※2)のフリートライアルなどの施策を通じ、新規のお

※1 離脱位置……離脱位置は一般用語ではない。ゲームを遊んでくれているプレイヤーが、どこでそのゲームをプレイするのをやめたかという意味で使っている。
※2 14日間無料……2018年現在、期間制限は撤廃され、各ジョブレベル35までは無期限無料である。

客様を招き入れた後、ゲームに定着してもらうことが重要。生活サイクルにおいて、絶対的な“飽き”と“生活環境変化”によって、自然減衰(※3)することを考えると、つねに新規のプレイヤーを迎え入れるのは命題となる。

『FFⅩⅣ』のゲーム序盤は、ゲーム上級者にとって「退屈だ」と言われるくらい、ひとつずつシステムを理解してもらえるように、丁寧に、意図的にスローペースで作られている。たとえば、“ショップNPC(ノンプレイヤーキャラクター)からアイテムを買う”、“装備を買ったら着替える”という、RPGの基本を知ってもらうためのクエストも用意した。「そんなもん、なくてもわかるだろう」とおっしゃる方もいるかもしれないが、『FFⅩⅣ』が初めてのRPGになる人もいるので、あるに越したことはない。

これを踏まえ、ゲーム序盤に“装備のアイテムレベルをすべて5以上にして、NPCに話しかけよう”というクエストを作った。そのクエストを発行しているNPCのすぐ横に、装備を売っているNPCを立たせ、さらには“脚”以外の部位は、その手前までのクエスト報酬でもらうことができ、それらはすべてアイテムレベル5以上にしてある。つまり、隣りのNPCからアイテムレベル5の“脚”を購入しさえすれば、クエストクリアーが可能になるわけだ。

しかし、結果的に『FFⅩⅣ』の初期離脱要因となるクエストの第1位が、このクエストになってしまった。レベル14に到達するまでにゲームをやめた方の離脱傾向データを見ると、はっきりこのクエストで離脱しているグラフ山が見える。その率、なんと7%。

---

※3 自然減衰……結婚や出産、進学、就職、長期プレイによる飽きなどで、ゲーム内に大きな理由がなくても、ゲームを離れるケースは多い。これを自然減衰と呼ぶ。

NPCのセリフに「手に入れた装備は、着替えて強くなろう！」とも「装備はNPCから買う」とも書いたが、そもそも遊ぶゲームがたくさんあるいまの時代、テキストはほとんど読み飛ばされる。こうなると、“着替えかたがわからない”、“アイテムレベルがわからない”、“装備をどこで手に入れればいいのかわからない”という3重苦で、プレイが止まってしまうようだ。

また、プレイヤーの出身国のひとつウルダハ周辺に、“コッファー&コフィン”という酒場があり、忙しい店主NPCの代わりに、飲食の注文を取ってきてほしい、というクエストがある。これが初期離脱クエストの第2位。何のことはない、その店の由来などを知るための世界観クエストのひとつだが、6%もの離脱率。

このクエストは、4人のNPCから注文を取ってくるクエストだが、うちふたりは店の中に、ひとりは店の外正面に、最後のひとりは、店の建物が監視塔の役目も持っているため、店外上部の物見櫓（やぐら）にいる。離脱の原因は、この物見櫓にいるNPCが見つからないため。『FFⅩⅣ』のマップには、クエストを進行させるNPCがどこにいるか、リアルタイムに表示される。しかし、マップは2次元表示のため、“櫓の上にいるNPCの高さ”を示すことができない。つまり、店の1階にプレイヤーがおり、2階にNPCがいても、マップのマーカーでは“1階にNPCがいるように見える”。

実際にはNPCは2階にいるので、マーカーの場所に来たのに、NPCが見つからない。「店に階段があるので、2階にいるのかも？」と思うのは、3D描画されたゲームに慣れた人の発想であり、ゲーム経験の差によって、気づけない人にとっては完全に盲点。確かに、このクエストでそれを覚えた人は、以降「マップマーカーの場所に来てもクエストターゲットが存在しない場合、上階か下階を探そう」と学習してくれるが、最初に気づけなかったプレイヤーは、クエストがクリアーできずにゲームそのものをやめてしまう。

ゲームは受動的なエンターテインメントではないので、ある程度"探索や思考、工夫"があってこそおもしろくなる。しかし、その一方でゲームは文化になり、基本プレイ料金無料のゲームも増え、新しい世代のゲーマーが生まれたり、ゲームをプレイする文法も変わった。まさにゲームの価値観は、ひとつではなくなったとも言える。

"ストレスと探索"のバランスはとても難しい。上記に紹介したクエストは、すでに仕様変更されており、いまは内容が少し異なる。結果、このふたつのクエストでの離脱率は大幅に低下した。プレイヤーがゲームを離脱する要因は、信じられないくらい人によって異なる。今後も、たくさんのプレイヤーの方に遊んでもらうためにも、多くの価値観に対応していきたいと思っている今日このごろなのでした。

件(くだん)の壊れたiPhoneは、会社から支給してもらっていた仕事用だったので、心苦しくも機材管理部に機種変更をお願いした。その際、アシスタントさんから「色はどうしますか?」と聞かれたので、「黒でも白でもシルバーでも、なんでもいいです」と回答。そして数日後、同じアシスタントさんから「代替機が来ましたが……」

と渡されたのが、“ピンクゴールド”のiPhone……。

「吉田さんにピンクゴールドとは、理解に苦しみますね」とアシスタント。「確かに、落として壊したのも吉田だし、何色でもいい、とは言ったけど……」と吉田。

アシスタント「吉田さんには、この色が似合うと思ったのかもしれません」
吉田「どんなイメージなんだよ……」

　価値観とは人さまざまである。

# 「ツイてない男」

**（2016年3月3日号掲載）**

その男はPCの前に座り、ひとり黙々とキータイピングを続けていた。どうやら、何か文書を作成しているようだ。そのバックグラウンドには、『FFXIV』の画面が映っており、時折ゲームのBGMや環境音が聞こえてくる。PCの横にはコーヒーカップとタバコの吸い殻が山になった灰皿、そして調剤薬局で処方されたと思しき薬の袋がある。よく見ると、『FFXIV』のチャット欄に「身体が痛ぇ」と書いてあるので、流行のインフルエンザA型にでも感染したに違いない。ときに西暦2016年2月7日。ツイてない男。

日が変わって、男は会社の応接室にて某メディアのインタビューを受けていた。病み上がりなのか疲労なのか、「顔色が悪いですね」などと同僚に言われている。そりゃあそうだろう、あんな辛い思いをした後なのだ。それでもメディアのインタビューは順調に進み、笑い声も聞こえ、終始和やかに進行しているようだ。しかし、とある話題に話が移った途端、苦悶の表情を浮かべて言った。「いや、ほんとに、アレは辛かったですよ……」と(※1)。

さらに日が変わって、彼は鹿児島にいた。晴れやかな天気で、散歩するには上々の気温だ。数名の同僚といっしょに散策をしている様子。ひとりの男が「西郷隆盛像がこの近くにあるらしいですよ」と言ったのをきっかけに、彼らはそこを目指しているようだ。道路を挟んだ反対側の歩道に、記念写真を撮るスペースが設置されていた。同僚のひとりが男に「ちょっと鹿児島らしさを出すのに協力してください」と言い、男も「まぁ、これくらいはいいか」

※1……2月1日　ファミ通インタビュー

と逆に笑いの取れそうな気取ったポーズを取り、西郷隆盛像と同じフレームに入って写真を撮った(※2)。

時は移り、男はイベント会場にいた。多くの人に囲まれて、何やら熱心に話している。ときどき笑いもこぼれているので、彼はこのときは幸せそうに見えた。だが、やはり「たいへんでしたね」と声をかけられると、顔をしかめ「ほんと、勘弁してほしいですよ」とつぶやいた(※3)。

男はイベント会場にいたが、周囲には関係者と思しき人間たちしかいなかった。誰もが非常に疲れた顔をしている。長時間にわたるイベントをこなした直後のような雰囲気である。「退館時間まであと少し、がんばりましょう!」と、ややヤケクソにも聞こえる声が空しく響く。時刻はすでに21時30分になろうとしていた。男は「腹減った……」とだけ、うめくようにつぶやいた(※4)。

つぎに男は鹿児島駅にいて、「ようやくか」と身体を伸ばす仕草をする。安堵の口調とは裏腹に、空を見ると星の見えない真っ黒な空から雨粒が落ちてきており、うんざり顔である。周囲を見渡す気力もなく、タクシーにその姿が消えた(※5)。

同日、男は熊本駅にいた。彼の同僚のひとりが、「ケータイがない……」などと顔面蒼白で悲痛な訴えを上げていたが、もはや男を含め、一行にはそれを重大事件と捉えるだけの気力はなく「とりあえず、さっき乗ってきたバス会社に電話すれば?」などとスルー気味である。彼がバス会社に電話をかけ「16時40分、熊本駅行

---

※2……1月31日　午前10時。このときの写真がTwitterに流れ、フリー素材と化した。
※3……1月30日　『FFXIV』鹿児島F.A.T.E.会場にて。
※4……1月29日　21時30分　イベント設営中。
※5……1月29日　20時　熊本駅から新幹線で鹿児島駅到着。

のバスに乗った者なのですが」としゃべっているので、男は「おい、バスの時間間違ってるぞ」と言ったのだが、ケータイをなくした同僚は、目をぱちくりさせるだけで、よく意味がわかっていないようだった。疲れていた男は、それ以上の訂正をあきらめた(※6)。

けっきょく、一行はその足で熊本空港に到着していた。空港にはいわゆる"ゆるキャラ"で有名な"くまモン"がいる。同僚の数名が写真を撮っていた。熊本にいる、という証を作っているらしい。移動を始めてから、いったい何時間経過しているのであろう。数えるのも億劫になり空港から外へ出ると、いまにも雨が降り出しそうなひどい濃霧だった。飛行機の離着陸はかなり困難だったに違いない。ゾッとする。

「さて、陸路か空路か……」。空港ラウンジ、地上係員から状況説明を受けた男は、同僚の顔を見ながら呟いた。あまり選択肢は多くなさそうだ。「お客様の目的地への今後のフライトは、全便が条件付きフライトとなっています」と、地上係員が申し訳なさそうに付け加える。つまり、全便に出発地に引き返す可能性がある、ということらしい。「引き返したらアウトっすね」、「そりゃそうだ」、「陸路だと7時間くらいかかりますね」、「これから7時間は嫌だな……」つぎつぎに会話が飛び交う。「目的地にもっとも近く、フライトが安全なのはどこですか?」と地上係員に聞く男。地上係員は手もとの資料に目を落として言った。

「熊本です」。

---

※6……1月29日 18時30分 熊本空港〜熊本駅へバス移動。1時間半かかった。ケータイは後日無事に見つかった。

男とその一行を乗せた航空機は、猛烈なスピードで航路を進み、通常ではあり得ないような短時間フライトで羽田空港へと到着していた。そう言えば、機内放送で機長が「全速力で」とか「管制塔にレーダー誘導してもらい、通常とは違った航路で」などアナウンスしていた。早く到着するのはいいと思うが、それならそもそも、なんとかして鹿児島空港に下りてほしかった。ダメならせめて福岡空港か、熊本空港あたりに下りてくれたらよかったのだ。この事象を"エア＝ターン＝バック"と呼ぶのだと、後で知った。知ったところで何ひとつ得はない。そもそもこの航空機に、男は4時間も乗っていたのだから。

「当機は悪天候により鹿児島空港へ着陸できず、空港上空で旋回を続け、天候回復を待っておりましたが、燃料の残量と天候回復までの時間を鑑み、誠に恐縮ではありますが、羽田空港へと引き返すこととなりました」。このアナウンスが流れたとき、とくに"羽田空港"という単語が出た瞬間の乗客全員から出た長く深いため息を、男は一生忘れないだろう。

その日の東京はやや薄曇り。男は午前5時30分に起き、7時前には家を出た。鹿児島での『FFⅩⅣ』プレイヤーイベントは翌日で、前日入りしてのイベント設営予定だった。午前9時台のフライトだったが、空港には誰ひとり遅れることなく到着しており、たわいない会話でフライトまでの時間をつぶしていた。「ホテルで仮眠しておこう」、「名物のしろくま食べましょうよ」など、前途洋々という感じだった。男と同僚たちが"鹿児島へ向かうため"に"羽田空港発、鹿児島空港行"の飛行機に乗り込んだのが、ときに西暦2016年1月29日午前9時30分。ここが出発点。

# 「平日午後3時開始」

（2016年3月17日号掲載）

MMORPGはオンラインゲームなので、“アップデート”というものがあります。新しいダンジョンが追加されたり、新しい装備が導入されるなど、ひと口にアップデートといっても大小さまざま。オンラインゲームは、これら“アップデート”を行うことで、プレイヤーの皆さんに新しい遊びなどを提供して、そのゲームを長く遊んでもらうように努力する。『FFXIV』の場合、複数の新ダンジョン、新たなレイドダンジョン(※1)、メインストーリーの追加、ジョブバランスの調整など、大きなアップデートを“メジャーパッチ（メジャーアップデート）”と呼び、ほかにも特定コンテンツのオープンなど小規模なものを“マイナーパッチ（マイナーアップデート）”、バグの修正や軽微なバランス調整を“Hot Fix（ホットフィックス）”と呼んでいます。

これらに必ず必要となるのが“パッチノート”です。このパッチノートというのは、簡単に言えば“アップデートで実装される項目やシステムの一覧”なのですが、数あるMMORPGで、もっとも“フォーマットが決まっていない”もののひとつとも言えます。たとえば、メジャーアップデートとして新たなダンジョンがふたつ実装される場合、パッチノートに“複数の新たなダンジョンが実装されました”と超絶あっさり記載されるゲームから、“実装されるダンジョンのエリア座標”や“実装されるダンジョンに行くためのクエストの発行場所”、“新ダンジョンの設定”まで、こと細かにパッチノートに記載するものまであります。『FFXIV』はどちらかと言えば後者で、徹底的に詳しく書く、という方針になっています。

---

※1 レイドダンジョン……『EverQuest（エバークエスト）』発祥の、“複数パーティで大規模に攻略するダンジョン”の意。ただし、『World of Warcraft（ワールド オブ ウォークラフト）』以降、参加人数可変の高難度ダンジョンを指すようにもなり、『FFXIV』がさらに曖昧にしてしまった。もう通常ダンジョンではないものを指す、くらいでいいのかも。

この“徹底的に詳しく書く”は、膨大なアップデート項目のいわば“取扱説明書”であり、“PR素材”でもある、という吉田の考えに基づいて、そうなっています。しかしながら、徹底的に詳しく書いていくと、今度は文字の洪水になり、文字がニガテな人にとっては、“ダーッと上からスクロールして流し見するもの”にもなりかねません。

この“パッチノートを読むのがたいへんだ”という感覚は、吉田がMMORPGの単なるプレイヤーとして遊んでいたころに、よくゲーム内で出くわしたことのひとつでした。とあるMMORPGでギルドマスターをやっていたとき、アップデートの数日前に公開されるパッチノートの先行公開分(※2)を読み、ギルドチャットにて「よし、パッチ当日は、まず○○からスタートするから、みんな準備しておいてね！」という発言をすると「え？ 準備っていうか、そんなもの実装されるの？」と返ってくることがよくありました。もちろん、全員がパッチノートを読む必要があると思っているのではなく、「ああ、自分が読んでいれば、みんなに伝えられるからそれでいいや」というお話。つまり、コミュニティー内の誰かがしっかり内容を理解していれば、それはキチンと伝播していく、という感覚です。

翻って『FFⅩⅣ』を担当することになり、最初に考えたのが“せっかくのアップデートが、正しくプレイヤーに伝わらないのはとてももったいない”ということと、“全員でなくてもかまわないので、パッチノートの中身をより詳しく、意図も含めて理解している人がいると心強い”ということ。これが、『FFⅩⅣ』のパッチノートが

※2 パッチノート先行公開……アップデート数日前に、次回のアップデート内容の一部を公開すること。パッチノートが膨大な場合、アップデート当日に読むのがたいへんになるので、事前に公開する。ただし、アップデート後のゲーム内経済に影響するものや、意図がわかりにくいものは伏せるのが一般的。実施しないMMORPGもある。

膨大な量になっている理由です。

しかし、この方針でパッチノートを作ってきたものの、2013年の“新生”以降では、毎回のメジャーアップデートボリュームが非常に大きくなり、よりいっそうパッチノートが肥大化。できる限り詳しく正確に、ということで、開発チーム全体でチェックするコストも非常にかかり、それをまとめるコミュニティーチームの作業量も尋常ではなくなる結果に(しかも4言語同時だし……いつもありがとう!)。そのうえ、とくにユーザーインターフェース関連の細かいアップデートは、パッチノートが長くなると、どうしても読み落とされることが多く、便利機能だとしても知られないままになってしまうケースも出てきてしまいました。そこで考案されたのが、“パッチノート朗読会”という地味な名前の生放送。

サービス開始は当初は、メジャーアップデートにともなう大規模なサーバーメンテナンスが24時間に及ぶことが多く、“ゲームにログインできない時間が長いなら、そのメンテナンス中に朗読会をすれば、みんなでいっしょにパッチを楽しみに待てる”という一石二鳥を狙ったものでもありました。開始当初はアップデート前日のサーバーダウンに合わせ、アップデート前夜に行っていたものが、『FFXIV』サーバー班の努力により、回を追うごとにメンテナンスが短時間化。最新のメジャーアップデートであるパッチ3.2では、なんとアップデート当日の午後3時から朗読会を開始という、「誰が見るんだよ(笑)」という時間での放送と相成りました……。

とはいえ、サーバー稼働中に放送した場合、まだアップデート前のゲームがプレイできるため、ゲーム内の経済に影響を与えてしまうようなことは発言不可となり、プロデューサー兼ディレクターの吉田が直接朗読会をやる意味がなくなってしまいます。この朗読会は、吉田とコミュニティーチームの室内(室内俊夫氏。"モルボル"の愛称でユーザーにはおなじみ)が、生放送でパッチノートを読み上げるからこそ、アップデートの細かい項目までお伝えできる、という主旨の番組。また、"インフルエンサー"として、各コミュニティーサイトでうまくまとめていただいたり、詳しく理解してくれるプレイヤーの方が生まれることこそ、この放送の意義でもあります。ですから、たとえ平日の昼だろうが、今後もこのスタンスで放送していくつもりです。

新規追加アイテムのリストまで含めると、毎回10万文字におよぶパッチノートですが、僕らも楽しく放送していますので、アップデートを楽しみに待ってくださる皆さんといっしょに、まだまだ続けていけたらなと思っている2月23日、パッチ3.2"パッチノート朗読会"を終えたばかりの吉田なのでした。ちなみに、本日の視聴者数はニコニコ生放送だけでも60000人。あれ? 平日午後3時開始の放送だったような……(笑)。

# 「当たり前のことと、勝手な期待値のハードル」

（2016年3月31日号掲載）

Letter #56

人を褒める、という行為はとても難しい。とくに、仕事における上司と部下、同僚などを相手に“褒める”のは、意識していなければ、ことさらに難しい気がする。対象が自分の子どもであったり、配偶者や親戚などの場合には、“褒める”ことが比較的容易かもしれない。昔からよく、“褒めて伸ばす”とか“褒めてやる気を出させる”というように、「できるだけ相手を褒めなさい」と言われたものだ。

ところが、仕事となると、なぜだか“褒める”という行為そのものに、恥ずかしさや、かしこまりすぎる感じがしてしまい、上手に褒めることができない。吉田自身、振り返ってみると、仕事なのだから“やれて当たり前”という意識が先に来てしまい、納期通りに、かつ期待通りの仕様で仕上げてくれたり、コンテンツを実装してくれたスタッフに「キチンと約束を守り、コンテンツを実装してくれて、どうもありがとう」と言えたことがあまりない。確かに、僕らゲーム開発者はそれを達成することで会社から給料をもらっているし、その給料はゲームを買ってくれたお客様によって成り立っている。また、それを通じた上司と部下の関係なのだから、給料ぶんの仕事をした、という結果に対して「ありがとう」は奇妙な気がしてしまう。言わば“当たり前のことだ”と。

でも、本当にそれでいいのだろうか、と最近になって考えるようになった。そう考えるようになっただけで、これを実践しようとするとじつに難しい。「がんばったね、ありがとう」というひと言は、面と向かって言うには、どうしても恥ずかしい。勇気を出して言ってみると、相手に「え、どうしたんですか急に？」という顔をされたりもする。きっと、相手も社会に出て“褒められる機会”に慣れていないのかもしれない。あるいは、志が高く「この程度で褒められてもね」と思っているか、その両方の可能性もある。しかし、“褒められた”ということ自体は、きっとうれしいはずだ。その場では面食らうかもしれないが、後から「ああ、よかったなぁ」と、自分が達成した結果に、少なからず満足が加わると思う。なぜなら、吉田自身、褒められるとそう感じるからだ。

一方で、人は褒められるために何かをするのではない。ゲームの開発も同じで、給料をもらうためにゲームを作っている人、自分の考えたゲームをたくさんの人に遊んでもらうためにゲームを作っている人、単にゲームを作るのが楽しくてしかたない、という天使のような思想の人だっているかもしれない。だから、褒められるために仕事をするとか、相手に褒めてくれることを期待するというのは、少し違う。褒められることを期待して仕事をすると、褒めてくれなかったとき、相手に対して不満が溜まってしまう。だから、“褒める”という行為は、一方的でいいのだと思うし、褒めてもらうために仕事をするのではなく、褒められるような仕事をする、という気構えのほうが大切だろう。

どうも日本人は、この“褒める”ということが苦手に思える。アメリカ人などは、何か結果を残した際には、お互いを称え合うと同時に、悪かった結果には強く指摘を行う。指摘についても、その瞬間は双方が白熱するものの、それは“つぎに同じ失敗をしないため"の儀式であり、その後はまたふだん通りの付き合いが続く。お互いを尊重し、最後の一線は不可侵である、という価値観が、日本人よりも強いようだ。他方で日本人は、"相手を慮る"という尊い価値観を持っていて、諸外国から見て"気づき"の繊細さが尊敬されることも多い。だが、相手を尊重しすぎるがゆえに、踏み込んだ指摘にいたらないことも多く、結果的に面と向かって非難もしないが褒めもしない、という傾向があると思う。最近は、この"雰囲気"が何となくストレスなのかもしれない、と感じることもある。それが、ネット上で何かトラブルがあった場合の炎上文化につながっているのではないだろうか。

僕の身のまわりには、同じような価値観を持った貴重な友人や同僚、また、同じゲームをいっしょに開発する仲間もたくさんいる。とても恵まれた環境だと改めて思うが、やはり振り返ってみれば、個々の仕事に対して、素直に「ありがとう」と言う機会はとても少ない。最近、ソーシャルゲーム業界がいろいろ騒がしく、それ自体に言いたいことがあるわけではなくて、それを見ていて我が身を振り返ることが多くなった。とくにオンラインゲームの場合、お客様と僕たち開発チームの距離が、通常のゲームよりもはるかに近く、意思疎通にはとくに気を使う。それは単に言葉のやり取りではなく、実装されているコンテンツを通じての、"作って提供する側"と"お金を支払って遊ぶ側"の感覚的な疎通でもある。だからこそ、コンテンツを作る際には、僕と開発チームのあいだでしっかりと議論をし、そのコンテンツのコンセプトや意図を明確化してから実装することを続けるしかない。

そう思えば、やはり仕事のひとつひとつに対して、もっと感謝の言葉や褒めるということが必要だと改めて感じる。相手に対して自分が抱いている、“ある意味、勝手な期待値をクリアーしてくれたかどうか”が基準ではなく、“当たり前のことを当たり前のようにこなしてくれること”にも、しっかり感謝を伝えていきたいと思う、今日このごろの吉田なのでした。(担当編集者の)菊池さん、いつも締切ギリギリになっても、無事に原稿を載せてくださって、ありがとうございます(まずは近いところから)。

# 「エンタメファンド」

**(2016年4月14日号掲載)**

ゲーム開発にはお金がかかる。何をいまさら、というお話ではあるが、とくに家庭用ゲーム機におけるHD系のゲームの場合、その開発費が億単位になるのはふつうのことになった。吉田がゲーム開発を仕事とし始めたころは、高くても5000～7000万円くらいで、プレイステーションのゲームなら2000～3000万円というのもよく見受けられた。現在だと、AAAタイトル(※1)になると、開発に50億円以上、宣伝費を合わせると100億円近くに上るものも珍しくない。約20年前と比較すると、開発費は平均しても軽く10倍以上になったと言える。

開発費が高騰するようになった要因は、大きく分けてふたつあると思う。ひとつは人件費で、僕たちの給料だ。これも20年ほど前、ゲーム開発者の給料はめちゃくちゃ安かった。いまもピンキリだとは思うが、それでも"技術職"と認められるようになり、結果的に給料のベースは大きく上がった。僕は第5ビジネス・ディビジョンという自分の統括部門を持っているので、所属者全員の給料を知っている。僕がそう思うのだから、少なくともスクウェア・エニックスでゲームを開発している人は、人並み以上に給料がもらえているのは間違いない。

もうひとつは"グラフィックスクオリティー"の向上により、ゲームのグラフィックスアセットを作るための単位当たりの時間が極端に長くなったことだ。HD(高解像度)ゲームの場合、扱うテクノロジーが3Dになっただけでなく、キャラクターの洋服や髪の

※1 AAA(トリプルエー)タイトル……大型、巨大、大作、このクラスのゲームの開発には50億円くらいがいまの相場。むしろ、それくらい使ったタイトルがAAAという感じも。

毛に対して“物理演算”が必要になるなど、そちらの時間も当然増えた。しかしこれも、突き詰めて考えれば“グラフィックスクオリティー”に帰結するような気がする。

かつてゲームは“ドット絵”が主流だった。主流だったというか、それしかなかった。キャラクターも背景も、すべてデザイナー(※2)がツールを使って、色のついた点を置き、それを組み合わせて絵にしていた。ハードウェアの処理能力も非常に非力だったので、すべては2次元の紙芝居とも言えるような時代だった。だから、キャラクターがイベントシーンで会話し、髪の毛が揺れる場合には、“揺れた髪の毛に見えるドット”を作り、アニメーションさせていた。しかし、すべてのシーンでこれを行うには、作業量が多すぎたし、何よりも容量が小さく、とてもそんなデータは収まらなかったのである。

ゲームの大容量化が進み、3Dグラフィックスが登場してからは、そもそも髪の毛を3Dモデルで再現することに苦労が変わり、とてもではないが、手作業で髪の毛が揺れる表現など作っていられなくなった。そこで登場したのが、物理などのテクノロジーで、けっきょくは、“ゲームグラフィックスのリアリティーを上げる”ためにこれらが採用されたとも言い換えられる。

昔は、少数のデザイナーが容量の制約と戦いながらドットを打っていたが、いまではもう主力キャラクター1体を仕上げるだけでも、半年や1年は軽く経過してしまう。しかし、主要キャラクターはひとりだけではないので、何人ものキャラクターデザイナ

---

※2 デザイナー……日本で“デザイナー”と言えば、グラフィックスに関わる人の総称になっている。ここで書いたデザイナーも同じ意味です。しかしこれは英語だと正しくなく、ゲーム業界だとデザイナーは“ゲームデザイナー”。日本で言うデザイナーは“アーティスト”と呼ばれます。

ーが並行して作業をする。これは、背景（最近ではエンバイロメントとも）にも同じことが言えるので、やはりゲーム開発費の高騰は、“人件費×時間”というのが原因だと思う。

最近、日本で開発される大作ゲームが少なくなったな、と感じているのはやはり間違いではなく、明らかに数が減っている。僕たちはゲームを作り、お客様に買っていただくことで商売をしているので、開発費の高騰の影響をもろに受ける。いくら「もっと大作を作って、そのデキを世に問いたい！」と思っても、開発費を計算しただけで「いや、無理すぎるだろ……」と、その場で開発を断念するくらい現実はシビア。これは、いいとか悪いということではなく、日本のゲーム業界が直面している実情である。

もちろん「お金をかけて、売れるゲームを作ればいいじゃない！」という意見もあると思うし、まさしくその通りなのだが、莫大な資金をゲーム会社単独で投資するにはリスクが高すぎる。一発狙って、外したら倒産では、さすがにどの会社も慎重にならざるを得ない。日本市場ではコンソール機用のゲームの販売数が年々減っているが、僕たちがゲームを作らなければ、けっきょく市場は活性化しないので、この現状はとても苦しい。

他方、北米などでAAAクラスの大作がいまだ元気なのは、市場のこともちろんだが、ゲームに投資する企業の多さが要因として圧倒的に強い。テクノロジーや発想に秀でた数人のグループが考えるゲームに、惜しげもなく数十億円の投資をする。もちろん、その開発マイルストーンは日本のゲームのきびしさの非ではなく、少しでも開発が遅れたり、予定がズレたりすると契約は即破棄となる。「投資はする、だから約束通り作れ」ということが徹底されている。

このように、ゲーム産業だけでなく、エンタメに資金を投資する企業も個人も圧倒的に多いのがアメリカ。格差が叫ばれているだけあって、金持ちの数も、持っているお金も文字通り桁違い。さらに彼らは、お金は使うべきだと考えていて、貯めておいても何も生まないことを理解しているので、損をしないように監視をきびしくしながら、徹底的に投資を行う。映画も同じだが、HDゲームもすでに投資がなければ成り立たないくらいビジネススケールが大きくなった、ということの裏返しでもある。

一方、日本ではようやく映画に対して、何となくファンドという例が出始めたくらい。ゲームにファンドが組まれるようになるには、あと10年は必要だと思う。日本でも“格差”という声が出ているが、それでも“お金持ち”と呼ばれる人たちの資産は、世界で見ればかなり額が少ない。それくらい、日本では富の再分配がうまく機能している。税金のムダ、と言われればそれまでかもしれないが、もしマンガ、アニメ、ゲームが、「日本の文化である」と言うのなら、国が主体となるファンドがあってもいいのに、と思う今日このごろなのである。支援でも、資金提供でもなくファンド。成功すればしっかり利益を戻す、という仕組み。正直、日本のコンソールゲーム産業は、かなりの瀬戸際に立っていると思う。

# 「どこの会社でも（スクエニ以外は）」

（2016年4月28日号掲載）

Letter #58 Naoki Yoshida

2016年4月1日は、スクウェア・エニックスの入社式でした。スクウェア・エニックスで新卒の採用面接官を務めるようになって、かれこれ6年。ここ数年は、最終面接を担当していたりします。最終面接官でもあり、吉田は一応執行役員で第5ビジネス・ディビジョンという部門の統括なので、入社式当日の夕方から新入社員を集めて行う"懇親会"にも顔を出せと言われます。18時、スクウェア・エニックス本社20階にあるラウンジに行くと、リクルートスーツに身を包んだ、目をキラキラさせた若者がたくさんいたわけです。もうこの時点で、開発に疲れたおっさんにはちょっと辛い（苦笑）。

この懇親会中に行われた歓談の時間に、吉田のところにやってきて、「どうしても吉田さんに聞きたいことがあるんです」という本年度入社の男の子がいました。「どうしたの？」と聞くと、「自分は吉田さんに最終面接を担当いただいたんですが、面接の後、絶対に落ちたと思って、めちゃくちゃヘコんでいたんです。人事の方の後日フォローの際にも、絶対に落ちましたと言っていたのに、その数日後に内定の連絡が来て……なぜ面接をパスできたのか、どうしてもそれをお聞きしたくて」とのこと。

「へ〜、どうして落ちたと思ったの？」と、内心……ヤバいな、何か圧迫的な面談したっけ……？　と思いつつ聞き返すと「3つ、大きな失敗をしたと思いました」とその子。彼の話の要点をまとめると……

**❶吉田という人間を知らなかったこと**
**❷吉田が『FFXIV』を担当しているのに**
**「オンラインゲームはまったく知らないです」と答えたこと**
**❸生涯最大の"クソゲー"は?と聞かれて**
**『○○○○(編注:書けません)』と回答したこと**

とのこと。これを聞いて「新卒ってたいへんだなあ」と思ってしまったのです。まず、そもそも❶なんてどうでもよく、その会社の面接に出てくる人など知らなくて当然だし、ゲームが好きであっても"作っている人間に興味はない"のはよくある話。映画だって、よほど自分が好きで、くり返し何度も観るような作品でなければ、誰が監督なのかは覚えていないのがふつうでしょう。吉田自身、誰が作ったかという観点でゲームを買うことはほとんどないです。しかも、ゲーム開発は共同作業なので、雑誌などのメディアに出ている人間が作った、というのはちょっと過大解釈だと思います(苦労しているのはつねに現場です)。

❷も同じく、これは嗜好性の問題で、日本のゲーム市場におけるオンラインゲームのシェアを考えれば、いくらゲームが好きだからと言っても、オンラインゲームに触れていないことが、マイナスには働きません。もちろん、"ゲーム会社に就職する"のであれば、その会社がどんな作品を作っているか、どんな市場で勝負しているのか、という点については、予備知識として持っていたほうがいいでしょう。でも、それをプレイしているかどうかは、少なくともマイナスには働きません(プラスになる場合はあると思うが)。

そして❸。吉田は面接の際に必ず「生涯最高のゲームは何か、そしてその理由はなんですか？」という質問と「生涯最大の“クソゲー”は何ですか？ また、その理由と自分なりの改善点を教えてください」という質問をします。彼はそれに『○○○○（**編注：だから、書けません**）』と回答したわけですが、面接終了後によくよく考えたら、それはスクウェア・エニックス関連会社から発売されているゲームであることを思い出し、顔面蒼白になったそうな。この質問の際に補足として、「ウチの作っているゲームでも遠慮なく言ってください」と必ず申し添えておくので、まさか気にしている人がいるとは思わなかったのです（笑）。

その子には、「そもそも、そんな観点で面接していないから、面接にパスしたってことだよ（笑）」と伝えました。採用した理由はふたつで、質問させてもらったことひとつひとつに、彼なりの論理性や理屈があり、それが非常に一貫していたこと。そして、とても情熱的に話す人だったことです。とくに、クソゲーについて熱く語り、自分なりにどう改善したいか、前のめりになって話していたのが、とても印象的でした。生涯最大の“クソゲー”と聞けば、単にちょっと触っただけのゲームはまず話題に上りません。よほどそのゲームの購入動機や、購入までの過程で思い入れがあったか、プレイした中に強烈な逸話があるか、そのいずれかの場合が非常に多い。作り話や、ネットでの評価を見ただけの話かどうかはすぐにわかります。

彼は吉田の話を聞いて安心したようだったのですが、むしろそれが気になったので「配属部署がどこになるか僕は知らないけど、もし対面的なことを気にする性格なら、それは忘れたほうがいいよ」とだけ、何となくアドバイスしておきました。相手の立場や役職は、仕事の議論をするうえではあまり関係がありません。上司だってミスをするし、間違った判断をしようとすることは多々あります。年齢の差に対して敬いは必要だと思いますが、相手の立場や役職を気にしてモノが言えなくならないように、と話しました。議論とは相手を否定することではなく、相手の意図を汲み取り、自分の意見を述べることだからです。

……といった感じで、今年も新入社員がスクウェア・エニックスにやって来ました。彼もそうですが、緊張した顔と同時に、「楽しみでしかたない！」という雰囲気も見て取れました。就職はゴールではなく、新たなスタートにすぎないので、彼らがどう暴れてくれるのか、吉田はとても楽しみです。

最後に、この会話中に一点だけ面接官として改めなきゃダメかな、と思ったことがありました。彼が「落ちた」と感じたことの理由のひとつに、面接終了時に僕が彼に対して言ったひと言があったのです。

僕は彼に対して「面接、お疲れさまでした。就職活動はとてもたいへんと思うけど、それだけキチンと話せれば、どこのゲーム会社でも合格すると思うので、がんばってね！」と言ったのですが、これを聞いた彼は「どこのゲーム会社でも（スクウェア・エニックス以外は）合格すると思うので、がんばってね！」と受け取ったそうです。まいったなあ、正直に励ましたつもりだったのに……。面接官も、これはこれで難しいのです（笑）。

# 「もう出ない。」

（2016年5月12・19日合併号掲載）

最近、年々というよりは、日増しに涙腺が緩くなっている気がする。“涙腺が崩壊する”という言葉があるようだが、むしろ、いまの吉田はつねに涙腺が崩壊している感もある。昔から本が好きで（最近では読破する本の数が減少傾向にあるとはいえ）、移動中は本を読んでいることが多い。

しかし、これがけっこう危ない。気を抜くと、大粒の涙が目に溜まっていたりする。“人は見かけによらない”という言葉もあるが、吉田の場合、非常に人相が悪いので（自覚している）、こうした人物が通勤電車の中でいきなり泣いているというのは、周囲の人にとっては迷惑だろう。かといって、つねに涙腺が崩壊しているのだから、どうにもならないのだが……。

このコラムは、シカゴにあるオヘア国際空港から、カナダのモントリオールへと移動する飛行機内にて書いている。観光ではなく、もちろん仕事での移動なのだが、この出張における移動の最中にも、涙腺崩壊をやらかしてしまった。『Creed（クリード）』、という映画のせいだ（※1）。

4月のANA国際線機内映画放送は大当たりで、ディカプリオ主演の『レヴェナント』や『スクープ』、『スター・ウォーズ/フォースの覚醒』、さらにはこの『Creed』と、機内で眠れない吉田にとって、非常にありがたかった。その中でも『Creed』は、劇場へ観に行きたかったものの、どうしても仕事の都合で行けなかった映画なのだ。

※1 Creed……邦題は『クリード チャンプを継ぐ男』。ボクシング映画『ロッキー』シリーズの最新作。一応スピンオフとのことだが、感想としては正統続編に仕上がっています。もしかすると、これでシリーズは終わりになるのかもしれない（毎回、『ロッキー』の新作が出るとそう思うが）。

この『Creed』という映画は、若い世代の方はもう知らないかもしれないが、アメリカで制作されたボクシング映画『ロッキー』シリーズの最新作だ。ポルノ映画への出演などでなんとか食いつないでいた男、シルヴェスター・スタローンを、一躍スターにした映画でもある。

『ロッキー』シリーズは、この『Creed』の前に6作あり、正直言って第1作から第3作、もしかすれば、人によっては第4作もギリギリ“アリ”か、という感じのシリーズだ。人気があり、世界中がバブルのような好景気だったこともあって、どんどん続編が作られたが、そのたびに陳腐化した印象がある。でも、そういう時代だったし、公開された当時は、それでも多くの人が映画館に足を運んだ。吉田も、彼らと同じく劇場で観たひとりである。ただ、『ロッキー5』の不出来はトドメだったかもしれない……。晩年に差し掛かった元スターボクサーを描いた『ロッキー6』は嫌いじゃないし、むしろ好きな部類だが、やはり『ロッキー5』の失敗が大きかった。

このシリーズ、1作目の原題が『ROCKY』。うだつの上がらないボクサーが、恋人との出会いをきっかけに、必死の努力で周囲を巻き込んで、強大なチャンピオンに立ち向かうというお話。途中に出てくるヒロインも非常に地味で、でもその地味なふたりが必死に生きていくさまと、ロッキーが最強のチャンピオンへ挑むというサクセスストーリーが、アメリカで大ブレークした要因。吉田も何度も観た。そして、このときロッキーが戦う相手、最強のチャンピオンの名がアポロ・クリード。ロッキーシリーズの最新作なのに、映画の名前が『ROCKY 7』ではなく、『Creed』なのは、このチャンピオンであったアポロ・クリードから取られている。

映画『Creed』の主人公はふたり。ひとりはもちろんロッキーだが、もうひとりはロッキーの宿敵であり、最高の友だったアポロの息子。ただし、主役はひとりに絞れ、と言われれば、ロッキーはむしろ脇役と言える。これ以上はネタバレになってくるので書かないことにするが、この映画のテーマはとてもわかりやすく、“世代交代”と“挑戦”と“愛”である。『ロッキー』のテーマそのままだ。

『ロッキー』シリーズ絶頂期、鍛え上げた筋肉の衣に包まれ、ハリウッドスターとして燦然（さんぜん）と輝いていたスタローンも、とても老いた。『エクスペンダブルズ』(※2) シリーズでは現役で無茶しているが、この『Creed』では、素で老いたスタローンが、老いたロッキーとして登場する。スタローンとロッキー、ふたりが役を超えて、ともに歩んできたことが、画面やセリフ、仕草からとてもよく伝わってくる。

その一方で、愛人の子として産まれたとき、父であるアポロはすでに他界していて、偉大な父を映像で追い続けてきた主人公のアドニス。自分を引き取って育ててくれたアポロの正妻は、彼を実の息子のように愛してくれたものの、ボクシングを禁じられた彼は、我流でトレーニングするしかなかった……。このロッキーと若きクリードが出会って話が展開するわけだが、とにかくもうベタの連続。こんなにわかりやすい映画はない。しかも、演出がまた、過去のシリーズ名場面をほんの少しだけなぞる。『ロッキー』

---

※2 エクスペンダブルズ……近年制作されている、スタローン主演のアクション映画。ハリウッドアクション映画の一時代を築いたスターたちが、老いて一堂に会するというコンセプト。40代の“おっさんホイホイ”映画である。スタローンとシュワルツェネッガー、ブルース・ウィリス、メル・ギブソンの競演とか、もはやメチャクチャである(笑)。

はテーマ曲がとても有名な映画でもあるが、これを流さない。いや、そろそろ流れるんじゃ？ と思っていても流れない。主役はロッキーじゃないんだよ、と言わんばかりに流れない。でも、それが非常にニクイ構成になっている。微妙にピアノだけでうっすら鳴っていたりするのだ。

老いたロッキーのセリフひとつにも、“これだけ賛否ありつつも、シリーズを続けてきたからこそ、到達できるものがある”ということを暗に示すものが多い。観始めてから40分ほど経過したあたりから、どんな場面を見ていても、過去のシリーズとのオーバーラップがあって大泣き。

幸いにも、周囲にあまり人のいないシートだったので、ほかのお客さんに迷惑はかからなかったと思うが、機内のテーブルクロスで思いっきり涙を拭いているところに、飲み物のおかわりを持ってきてくれたCAさんと鉢合わせ。「あ、あの……大丈夫ですか？」と言われるありさまである。「い、いや、映画が……」と答えたものの、恐ろしく恥ずかしい思いをした。

以後もラストまで涙が止まらず、そのCAさんには何度もそれを目撃されたが、もういいやという感じで泣くままにしておいた。しかたない、涙腺が崩壊している。人は歳を取ると、映像を観たり、小説の文脈からシーンを想像したときに、過去の自分の経験から近い体験や感覚を思い出すらしい。それが涙もろくなる理由かもなー、と思いつつ、ことのほか泣いたので、非常にスッキリとした気持ちで、現在カナダのモントリオール空港にいる。

いい話で終わろうと、このコラムを締めくくるために、この旅程最後のフライトであるモントリオールからケベックへ飛ぶ27番ゲート前でノートPCを開いているのだが、これから乗る飛行機のあまりの小型っぷりに戦慄する吉田。プロペラ機である。泣きたくなるくらい乗りたくないが、仕事だからしかたがない。涙も枯れ果てて、もう出ない。

# 「グリーンライトプロセス Part.❶」

（2016年6月2日号掲載）

前回のコラムはカナダで執筆していたのですが、そもそもなぜカナダに行っていたのか、というのが今回のコラムです（もちろん仕事ですが）。

きっかけは2015年のGDC（※1）なので、1年以上前。現在、ユービーアイソフト（※2）ケベックスタジオでプロデューサーをやっているジェフという友人から、「ぜひ、ケベックスタジオに来て講演をやってほしい」とリクエストを受けたことでした。

ジェフは、吉田が廃プレイしていた『Dark Age of Camelot』というMMORPGのBG（背景）アーティストからキャリアをスタートした人で、もともと『FFXI』のコアプレイヤー。吉田が『FFXIV』を引き継ぐことになった当時、彼はEA Mythicのプロデューサーとして『Warhammer Online』のプロデュースを務めており、挨拶に行ったのが知り合ったきっかけです（『Dark Age of Camelot』と『FFXI』の話で盛り上がりまくった……）。

彼も『旧FFXIV』からのレガシープレイヤーで、現在勤務しているユービーアイソフトでは『アサシン クリード シンジケート』（※3）のプロデューサーのひとりでもありました。ジェフとはPRで海外に行く際によく連絡を取り合うのですが、GDC 2015で会った際に上記のオファーを受けたのです。

「渡航費用と宿泊費用はユービーアイソフト ケベックスタジオ

---

※1 GDC……ゲーム・デベロッパーズ・カンファレンスの略。アメリカ・サンフランシスコで行われる、ゲームクリエーターの技術交流を目的とした世界最大規模のセッション。小規模のものは世界中で開催されている。
※2 ユービーアイソフト……フランス系パブリッシャー兼デベロッパー。『アサシン クリード』シリーズや『スプリンターセル』シリーズが有名。開発スタジオはほとんどがカナダにある。モントリオールスタジオは3000人規模。

で持つから！」という太っ腹な提案だったのですが、何せ忙しいもので、「行けるとしたら、PAX East(※4)で東海岸を訪れる際、旅程に入れるしかないね」と返答したのが去年。そして、先日のPAX EastへのPR出張の折、ついに実現したというわけです。

しかしまあ、言うは易しで、組んでみると尋常じゃないスケジュールでした。5月18日午後の便で成田から13時間かけてシカゴへフライト。シカゴでカナダのモントリオール行きにコネクティングして、さらにモントリオールからケベックまでプロペラ機(!?)で移動。都合20時間以上も移動していたことになります。

ケベックに着いたのが現地時刻の午後11時過ぎで、同行していた『FFXIV』リードトランスレーターのマイケルとバーで簡単な食事後、部屋に戻ってメールチェックなどをして、何とか倒れるように寝たのが午前4時。

翌日はジェフと合流して、昼食を地元レストランで摂り、その後ユービーアイソフト ケベックスタジオにて、各プロジェクトのプロデューサーやクリエイティブディレクターたちと、ゲーム開発についてのディスカッションを4時間ほど。夕食はジェフの自宅に招待され、奥様が腕を振るったトルコ家庭料理をごちそうになりました。ちなみに、ジェフの自宅は日本では信じられないくらいの豪邸。驚いて写真を撮らせてもらったら、「吉Pもカナダに引っ越せばいいんだよ」と気軽に言ってくれる。正直、吉田は自分の家を思い出して虚しくなりましたわ……。

このケベック到着翌日のディスカッションが濃かった。日米に

---

※3『アサシン クリード シンジケート』……シリーズ9作目。ケベックスタジオ主導で開発が行われ、初めてモントリオールスタジオ以外で制作された。『アサシン クリード ユニティ』の後の開発で、ものすごく苦労されたそうです。
※4 PAX East……北米で行われるゲームイベント。ゲームの中でもテレビゲームは歴史が浅く、テーブルトークやテーブルゲームの集いから規模が拡大した。PAX Eastは春にボストンで、PAX West(旧Prime)は夏にシアトルで開催される。

おけるゲーム開発への取り組みの違いに始まって、プロジェクト運用、開発チーム運用の違い、開発規模やライフワークバランスにいたるまで、非常に盛り上がりました。

ユービーアイソフトといえば、海外のゲームに詳しい人なら聞いたことがあるかもしれませんが、非常にきびしい“Green light process（グリーンライトプロセス）”を採用していることでも知られています。グリーンライトプロセスとは、商品やプロジェクトの企画立案から開発終了まで、各マイルストーンにゲートを用意し、そのゲートで審査をパスしなければつぎに進めないという手法です。

日本でも、決裁が下りないとつぎに進めない、などという話を聞いたりすると思いますが、広義で言えばあれもグリーンライト。しかし、このユービーアイソフトのグリーンライトは、本当にきびしい審査が科せられると、業界内ではわりと有名なお話です。

何度かこのコラムでも書きましたが、現世代（とくにHD）のゲーム開発には莫大なお金がかかります。そのお金を投資するかどうか、また、投資すると決めたからには、不必要なお金は使わない、使わせない、というところに、このグリーンライトの意義があります。スクウェア・エニックスでもこのプロセスを採用するべきか、何度か議論になりました（が、採用にはいたっていません）。

そもそもプロジェクトの発案自体もゲートのひとつですし、そこからスタッフを集められるかどうか、というのもゲートです。そして最少人数で開発を行い、企画のときに存在している“**ブレ**

**イクスルー**”と呼ばれる“商品としての柱”が実現できるかどうかも審査されます。その後にプリプロダクションフェーズ(※5)やバーティカルスライス(※6)の制作があり、さらに審査が行われ、これにパスするとようやく大量人員を導入して制作が開始されます。

“**ブレイクスルー**”とは、“その商品が市場に対してインパクトを与えられるかどうか”、“既存のゲームデザインを打ち破れるかどうか”、といったニュアンスです。『アサシン クリード』で言えば、暗殺＋パルクール＋歴史介入というあたりがこれに該当するのではないかと思います。

これらの各ゲートの審査でレッドライト(つまり赤信号)が出た場合、容赦なくそのプロジェクトはキャンセルです(まれにそのフェーズをループさせることがある)。グリーンライトを得るために、プロデューサーはすべてのプレゼンテーションの準備を整え、審査機関へと乗り込み、必死にゲートを通過しようと試みます。その間、開発チームは祈るのみ。レッドライトが出れば、来週からはもう違う仕事に配属されることになります。

こうしたグリーンライトプロセスは、多かれ少なかれ、北米や欧州ではわりとよく見られます。しかし、日本のゲーム開発においては、ほとんど実用されていないか、うまく機能しているという話を聞いたことがありません。このあたりにどんな思想的、あるいは文化的違いがあるのか……このお話は次回コラムに持ち越しです。

---

※5 プリプロダクション……本格的に企画(プロダクション)を稼働させる前の準備フェーズ。少人数でコア要素だけを固めること。
※6 バーティカルスライス……製品さながらに本番の一部のみ(よく、ゲームの1ステージ要素全部と言われる)をきっちり作ること。量産工程に入る前に行うことで、後のコスト見積もりや人員計画が相当詳細になるうえに、ゲームがおもしろくなるかどうかがわかりやすい。

# 「グリーンライトプロセス Part.❷」

（2016年6月16日増刊号掲載）

ゲーム業界のいくつかの会社（とくに海外が多い）では、厳格な**“グリーンライトプロセス”**を採用している会社があります。**“グリーンライトプロセス”**とは、莫大な投資を最小限に抑えつつ、革新的な商品を開発する際に多く用いられる手法で、商品開発のスタートから完了までのあいだに、細かく“ゲート”を設定し、そのゲートごとにきびしい審査を行っていきます。つまり、世に出る商品は、それらのゲートをすべてパスしてきたもの、ということになります。

前回のコラムでは、北米や欧州のゲーム開発会社やパブリッシャーに多く見られるこの手法が、日本のゲーム開発においてはほとんど採用例がない、というお話をしました。今回と次回のコラムで、その理由について考えてみたいと思います。

そもそも、アイデアやデザイン、おもしろさ、という不確定なものが重要なゲームにおいて、「そんな開発手法で優れたゲームが作られるのか？」と思われる方がいらっしゃるかもしれません。しかし、この言い分こそ、日本のゲーム会社でグリーンライトプロセスが採用されにくい大きな理由のひとつだと僕は思います。

では、これを家電に置き換えてみましょう。たとえば、世界中でヒットが狙える新たな“掃除機”のプロジェクトチームを任されたとします。闇雲にあれこれ考えても効率が悪いので、まずは掃除機をヒットさせるためには、そもそも何が必要かを洗い出します。

①リビングに置いてあっても違和感のないデザイン性
（かわいい？　スタイリッシュ？　モダン？　クラシック？）
②掃除機としてもっとももも大切であろう吸引性能をどう実現するか
③吸い込んだゴミをどのような機構で"手軽に"排出するか
④掃除機を販売するうえでもっとも適切な価格帯はいくらなのか
（安さを売りにするかどうかも含む）
⑤動作中の掃除機が発する騒音はどのレベルまで抑えるのか
⑥掃除機本体の可動性能をどこまで高めるのか
（吸引ホースの取り回しや本体の足回り）

素人がざっと考えても、これくらいはすぐに出てきます。プロジェクトリーダーである僕は、これら①～⑥にそれぞれ方向性を決めます。

❶今回は完全にターゲットを若い女性に絞る。
ネコの形をした掃除機にする。もちろん鳴く
❷見た目とは裏腹に吸引性能よりもカーペットでの吸引力にこだわりたい（ダイ○ンには勝てない）
❸AI（人工知能）が搭載されており、ゴミがいっぱいになったら"ハウス"へ戻り自分で排出する
❹価格は高くてかまわない。AIの開発とカーペットノズルに開発費を回す（廉価版はラインアップ）
❺カーペットでの吸引力にこだわるぶん、
カーペットの毛を利用して音の反射を極力押さえたい
❻世界最高性能を求める。ネコの俊敏性をイメージさせる

これが商品企画概要になります。まずは、この企画を“リビング製品開発本部(※)”の本部長にプレゼンしなければなりません。しかし、単に文字だけの企画書では説得力に欠けるので、上記でイメージした製品がどの程度受け入れられる土壌があるのか、マーケティング会社にお金を支払うなどをして、市場調査を行います。

つまり、これがグリーンライトプロセスの最初の“ゲート”です。相手は本部長。ゲートの対象が人であるため、その人の性格も考慮することになります。データを重視するのか、デザイン性を好むのか。最終的に商品になるので、その人のみを説得できてもしかたないのでは？ と思われるかもしれませんが、本部長すら説得できない商品が、ヒットするとは思えません（と割り切ります）。

こうしたプロジェクトをスタートする際は、極少人数のチームで行います。人が多ければ良いアイデアが出る、というわけではありません。人が多いと議論は活発になりますが、単なる意見が多くなり、結果的に全員の意識統一が困難になります。少人数だとしてもアイデアはたくさん出せますし、けっきょくのところ、どのアイデアを採用するかを決断し、その採用理由をチームメンバーに説明して、チームの納得を得るのはリーダーの仕事です。

ゲートを突破できたとした場合、つぎに考えるのは❶～❻をどの順番で作業化するのか、です。並行するものもいくつかはありますが、プロジェクトに関わる人が一気に増えるのは、上記の通りリスクしかありません。また、本部長から「つぎのゲートは❹のカーペットノズルが可能かどうかの確認だ」と言われれば、社

※リビング製品開発本部……今回のコラムに登場する“リビング製品開発本部”とか本部長は、架空の存在です。また、ネコ型掃除機も開発されていないとは思うのですが、もし「ネタが被っただろ！」という家電メーカーの方がいらっしゃった場合、どうもすみません。

内の技術開発チームの協力を得て、これの試作品を作ったり、理論的に可能かどうかの証明を行ったりするわけです。

このとき、もしすでにプロジェクトチームにたくさんの人がいた場合、つぎのゲートが“技術開発”だったとすれば、ほかの人は仕事がなくなってしまいます。じゃあ、先につぎのゲートの仕事をすれば？ ではダメなのです。なぜなら、予算は技術開発分しかもらっていません。つぎのゲートが技術開発である以上、それ以外の予算承認はされていないのです。

プロジェクトに人が増えれば、その人数に見合っただけの“仕事量”が必要になります。とくに、モチベーションの高い人たちが集まると「何かしなければ！」と考え、ゲート前で足踏みをしているにも関わらず、“仕事を作り出そう”とする意識が働きます。よかれと思ってのこととはいえ、これが始まると意思疎通されていない決定や、仮決定が増え始め、十分な検証がされないまま“実務”が行われるようになります。

人間は、理由はどうであれ、自分が行った“成果”に固執します。仮決定で始めた作業にも関わらず、いざそれなりに作業が進むと、“その成果がかわいくなる”のです。十分な検証が行われていなかったため、いくつかの綻びがあることをわかっていながらも、「せっかくここまでやったんだし、このまま続けさせてほしい。問題は後で必ず解消してみせます！」となりがちです。もちろん、こうした決定がうまく機能する場合もありますが、それは結果論であり、安全性の高い方法とは言えません。また、この際に気づいていたほころびが後に解消できなかった場合、プロジェクト人数が増えてから問題が表面化すると、莫大な時間と費用をロストすることになります。

さて、今回は“掃除機”を例にしてグリーンライトプロセスの一部だけを考えてみました。家電製品や工業製品であっても、アイデアやひらめきは絶対に必要であることが見て取れます。つまり裏を返せば、徹底したグリーンライトプロセスを採用しても、ヒットするものはするし、逆に凡庸なものになってしまうこともたくさんある、ということなのです。

そうなのであれば、せめて“ヒットの打率を上げよう”、もしくは費用リスクを抑えて“たくさんの挑戦をしよう”、これがグリーンライトプロセスの本質だと吉田は考えていますが、日本のゲーム産業ではなかなか浸透しません。そのお話はまた次回としましょう。

# 「グリーンライトプロセス Part.❸」

（2016年6月30日号掲載）

過去2回のコラムで、“グリーンライトプロセス”について触れてきました。ユービーアイソフトを始めとする海外のゲームスタジオやゲームパブリッシャーで用いられるこの手法。前回までに、たとえグリーンライトプロセスを用いたとしても、ゲームや商品開発において“ひらめき”や“感性”を組み込む余地がなくなったりはしない、ということをお話ししました。では、なぜ日本のゲーム会社ではこれら開発手法の採用がほとんど見られないのでしょうか？

吉田としては、日本におけるゲーム産業は、“ゲーム開発と経営が完全分離されている”から、というのがポイントだと考えています。理由はいくつかあります。

まず、日本のビデオゲーム産業は、喫茶店に置かれていた、“テーブル筐体のゲーム”と、“パソコンのゲーム”というふたつの軸でスタートしました。前者は、米アタリ社(※1)から発売され、“商売”として成り立った初のビデオゲームである『ポン』や『ブレイクアウト』から派生したもので、こうしたゲームの存在を知ったジュークボックス(※2)などを作っていたメーカーが、新規事業として始めたのが起こりです。後者は、パソコンを使ったゲーム開発が発展していった結果ですが、いずれも当時の若者たちが“おもしろいから”という感性で始めたものです。

この若者たちというのは、大学生が多く、勉強そっちのけでゲ

---

※1 アタリ社……ビデオゲームを開発するために創設された世界初の企業。1972年創業。数々の名作を生み出すが、世界一の迷作(?)である『E.T.』を生み、大量の売れ残りROMをコンクリートで固めて廃棄した、という都市伝説も生まれた（事実だったらしい）。

ーム開発（というよりはパソコンの扱い）にのめり込んでいきました。これに目を付けた大人の商売人たちは、社内にいる若手技術者や、大学生たちにパソコン（AppleⅡ）などを与え、彼らが開発したゲームを、“商品”として売り出すことにしました。

じつは、この時点から現在の日本のゲーム産業にいたるまでの約40年間、経営側と開発側という立場には、いっさいの変化が生じてこなかったように思います。経営サイドはあくまで経営のプロとして、資産の運用や商品の売り出しに奔走し、開発者たちは、“ゲーム開発自体のおもしろさ”に夢中になり、突っ走ってきた、とも言えます。

この結果、極端な言いかたをすれば、開発者は経営のことにはあまりタッチせず、逆に経営側はゲーム開発に関して、ほとんど口を出してこなかった、ということになります。さらに、バブル経済の時期とテレビゲームバブルと言われた時期がうまくシンクロしたことで、ゲームは爆発的に儲かるものという認識になっていきました。このころは、シンプルなアイデアが、数人の天才たちによって、つぎつぎとゲーム化されていった時代でもあります。

こうなってくると、経営側は、“よくわかっていないゲーム開発に口を出して、失敗してしまうこと”を恐れる、という心理が働きますし、ゲーム開発側には、「儲かっているんだから、経営側は黙っててくれ」という雰囲気ができ上がってきます。いい悪いではなく、このような歴史を日本のゲーム業界がたどってきたことで、必然的にそうなったということです。

---

※2 ジュークボックス……レコードをたくさん格納してある箱で、お金を投入して好きな曲を再生する機械。ボウリング場などに、デジタルのジュークボックスがまだ残っている場合がある（けっこう見かけるかも？）。若者には、レコードすらもう認知されていないかもしれない。

翻っていま、とくにコンソールのHDゲーム機の開発は恐ろしく難解になりました。先端技術は数学抜きには語れず、グラフィックスの分野も細分化され、テクノロジーと発想のかみ合わせが必須になっています。それら先端技術の研究開発も欠かせないものとなり、プロジェクトを仕上げるために、15年くらい前とは比較にならないほどの人員投入が、当たり前という状況になりました。

当然、あまりのリスクの高さに、そうした危機を最小限にするための手法が話し合われます。15年ほど前から、北米ゲーム市場では、盛んにワークフローや開発手法に関する議論が行われ、やれ"アジャイル"だ、"ウォーターフォール"だと、ゲーム開発の実体験をもとに模索が始まりました。これらの手法議論がどうなったかは別の機会に譲るとして、このころの日本のゲーム市場はまだ大成功を連発しており、これら議論が必要のなかった時期(プレイステーション2全盛期)でした。

かくして、日本では開発と経営の分離がそのまま発展し、いまはまだ、その融合のなかばにあるという状況です。ゲーム開発における開発手法(プロセス)の導入もまた、試行錯誤が続いている現状なのは、"日本のゲーム産業が劇的に成功し続けてきた結果"とも言えると思います。

もちろん、いまでも数人の天才によって作り込まれ、名作と呼ばれるタイトルの創造も続いていますが、とくに"大作ゲーム"となればなるほど、日本のゲーム市場は劣勢になっています。吉田はたくさんのゲーム開発者に出会ってきましたが、いまでも日本のゲーム開発者の感性は特筆すべきものであり、決して世界に対して引けを取っているとは思っていません。ですが、それと同時に、それらの、"感性をゲームという形に効率よくまとめ上げる"、という手法に苦労しているとも感じています。

吉田自身のゲーム開発も試行錯誤の連続で、決してうまくいっていることばかりではありません。いまも『FFXIV』の運営と開発を続けながら、「もう少しうまく、早く、楽に、ゲームを開発する方法はないだろうか」と、毎日コアメンバーやマネージャーたちと悪戦苦闘の日々です。そして、それを試行錯誤できるのは、経営側に投資をしてもらっているからですし、逆に経営側を助けるだけの利益を出しているからでもあります。

今回、ユービーアイソフトのケベックスタジオに招待していただき、彼らとディスカッションしていて思ったのは、いずれの立場でも、お互いの立場を尊重しつつ、しっかりと"ケンカ"をしているんだなあ、ということでした。グリーンライトプロセスが、ゲーム開発手法において唯一無二の正解だとは思っていませんが、少なくとも開発と経営側が、正々堂々とケンカするためのルールであり、リングなのだと認識しました。市場で勝利するために、お互い切磋琢磨するための道具だということです。

「負けていられない！」という思いも同時に抱きながら、今後の日本において、どうやってゲームを作るべきか、いま一度真剣に悩んでいる、吉田の今日このごろなのでした。

# 「すげえ!」

（2016年7月14日号掲載）

E3[※1] 2016が閉幕しましたが、今年のE3で発表された内容を見て、皆さんはどう思ったでしょうか。吉田個人としては、北米AAAタイトルの“安定感”に焦燥感が増すばかりでした。タイトルごとに書けることもたくさんあるのですが、それ以前に、“HDゲームを作ること”に関する、“当たり前の技術、テクニック、パイプライン”などにおいて、日本のそれとはあまりにも“経験差”があるな、と感じたのでした。

プレイステーション4用タイトルとして完成が近いであろうことを印象づけた『Horizon Zero Dawn』がとくにわかりやすく、フレームレートを安定させるための各種処理（自動で増減させる床の草の処理がいちばんわかりやすいかも）の精度が高い。これらはもう、HDのゲームを突き詰めるには“当たり前”の処理ですが、当たり前をさらっと完成度高くやるためには、何度ものマスターアップ経験が必要になります。当たり前だけど「すげぇ!」なのです。

何事もそうですが、反復経験……くり返しが大切だ、というお話です。同じ処理をいくつものタイトルで使うことで、処理精度を上げ、実装を簡易化し、完成までに必要な“最低限の実装”が恐ろしく効率的になります。もう、この時点でHDゲームの制作難度に差がついているというわけです。日本と欧米の差は、大きく水をあけられる本当にギリギリのところまで来ているという恐怖がありました……。これは、日本もチャレンジをし続けるしかないので、あきらめずにやりたいですね。

---

※1 E3……エレクトロニック・エンターテインメント・エキスポの略。アメリカ・ロサンゼルスで開催される、世界最大級のゲーム見本市。

E3 2016が閉幕しても、今年の『FFⅪⅤ』チームはそのまま北米滞在が続きました。グローバルマーケティングサミット、と名づけられた年1、2回開かれるミーティングに出席するためです。毎回、開催地を日本、北米、欧州で持ち回りとしており、今年はE3に合わせて、ロサンゼルスにあるスクウェア・エニックスアメリカでの実施となりました。話題は、『FFⅪⅤ』の次期拡張パッケージのマーケティング施策とプロモーション施策について。『蒼天のイシュガルド』の施策振り返り、数値分析結果の共有、それを踏まえての次期施策提案と、丸3日間会議室にこもりっぱなしです。

今年は日本、北米、ヨーロッパテリトリー各国(イギリス、フランス、ドイツ、ベネルクス、北欧、ニュージーランドなどなど……)から20人以上が参加、次期拡張パッケージの仕様説明も含めて、喧々諤々の議論となることも多く、一気に物事が決まる代わりに、非常に体力を消費します。というかグッタリ……(笑)。

そんな中、E3前から休息なし(渡米前は韓国に4日間滞在)で突っ走ってきましたが、ここでようやく中1日の休暇が取れました。日ごろから無茶苦茶な生活をしているので、あまり時差ボケにならない吉田ですが、今回はひどかった……。休暇が取れたので、光を浴びるという名目で、ルート66(※2)の終着点である、“サンタモニカ”に買い物に行くことに。

サンタモニカへ行くのは、じつは3回目。ロスやサンフランシスコからわりと近いリゾートでもあるので、日帰りで買い物に行くにはちょうどよかったりするのです。サンタモニカまでの移動は、

---

※2 ルート66……1985年に廃線となったが、アメリカ大陸を横断するもっとも有名な旧国道。『FFⅪⅤ』チームのリードトランスレーターのマイケルによれば、サンタモニカでは、アメリカのハイスクールを卒業したてのカップルが、初めての大陸横断旅行の終着として目指し、旅程の半分くらいで大ゲンカして別れることになるのが当たり前なのだそうだ。アメリカンゴシップ。どこぞの池のボートみたいなもんか(違)。

アメリカで1年ほど前から大流行している、“Uber（ウーバー）”というサービスを使うことにしました。

Uberとは、ひと言で言えば、モバイルアプリを使ったタクシー配車サービス。これだけ聞くと「へ～」とわかった気になるのですが、これがまた「すげぇ！」なのです。Uberがすごいのは、日本で言う“白タク”が可能なこと。日本では、タクシーの運転手として仕事をするためには、自動車二種免許（一般の免許証ではダメ）が必要ですが、Uberは、一般の人が簡単な審査で、職業ドライバーとして登録できるのです。

つまり、自動車を所有していて空き時間があれば、Uberにドライバーとして登録し、お客様を乗せ、お小遣い稼ぎができるということ。アプリの通信機能を使って、客とドライバーが直接コミュニケーションを取り、評価をし合うことで成立する、新しいタクシーサービスの形。法律違反じゃないのかって？ アメリカでは、個人の事業自由が成り立っているので、とくに制限はなく、Uber利用者も自己責任でこれを使っている、ということなのです。

このアプリがまた、すこぶる優秀。まず、アプリで目的地を指定。すると、現在地から近くにいるUber登録ドライバーを即時に知らせてくれる。また、近くを走行中のUber登録ドライバーは、アプリでさくっと“応答”するだけ。これで契約が成立し、客はドライバーがその場へ来てくれるのを待ちます。お互いの位置は、アプリの座標告知で表示されるので、「ああ、あと3ブロックでタクシーが来るな」とわかるわけです。ドライバーの名前も、顔写真も、そのクルマの車種も、そしてナンバーも、アプリで確認可能です。

使うとわかるのですが、とにかく呼べばすぐ来る。近くにUberドライバーどんだけいるんだよ！ってくらい、即来る。契約した後にアプリを見ていたら、ドライバーが道に迷ったらしい挙動を見せた後、ほかの客を乗せてハイウェイに突入し、キャンセルとなったこともあったけど、ご愛嬌の範囲です。むしろ、「スティーブ！（ドライバー名）お前、どこ行くんだよ！」という感じで、アプリを見ながら盛り上がったり（笑）。

アメリカでは、客が道端でタクシーを拾うという文化はなく、また、タクシー側にも危険な客を乗せてしまう可能性があり、手を挙げている人がいても、ほとんどの場合、道端でお客は拾いません。ホテルのフロントやモール、駅などに行かない限り、タクシーは捕まえられないのです。

しかし、このUberが始まってからは、一般ドライバーとお客の双方にメリットが大きいため、ものすごいスピードで普及したそうで、使ってみてその便利さがとてもよくわかりました。皆さん、ふつうの一般市民であり、ドライバーと客の相互評価システムが機能していることもあって、ぶっちゃけ企業のタクシードライバーよりも愛想がいい。会話も弾むし（英語ができればだが）、みんなにこやかだし、とても気持ちがいいものでした。

アメリカはなんだって自己責任。それは“自由”という意味ではなく、“自分たちで決めたルールは守ろう、守ったうえで、その先は自由と自己責任”という文化なのです。だから、Uberも“何かトラブルが起きたらどうしよう”ではなく、“便利でみんなにメリットがあるから、ルールを守って自由に商売をしよう”なのです。

ゲーム制作も同じ。彼らはきちんとルールを守るし、徹底する。そのうえで、自由に物作りを進めていくから「すげぇ！」なのです。負けたくないと思うと同時に、やっぱりアメリカは“Uber（すげぇ！）”(※4)な国だな、と思う吉田なのでした。

※4 Uber……じつは、北米でよく使われるオンラインゲーム用語でもある。「すげえ！」、「強い！」、「やべえ！」などの意味で使われることが多い。「Blackmage is Uber job!!」とか（笑）。気になった方はぜひ検索を。

# 「高難易度レイド キャンパス・パーティ メキシコ　仰天編」（2016年7月28日号掲載）

「吉田さん、キャンパス・パーティって知ってますか？」と聞かれたのが2月ごろだった。聞き覚えがなかったので、「え？ 何それ？」と聞き返したのが事の発端となった。そのキャンパス・パーティというイベントの運営チームから、スクウェア・エニックスアメリカを通じて、僕宛に講演の依頼がきたらしい。僕はそのイベントのことを何も知らなかったので、まずはスクウェア・エニックスアメリカにキャンパス・パーティというものの概要をまとめてもらった。

1997年、スペインにてLANパーティとして始まり、科学、テクノロジー、エンターテインメントなどの分野に情熱的な若者（おもに大学生たち）が参加するイベントとのこと。業界や学会、国の支援も強く、開催は9ヵ国に及ぶ。今回依頼があったのは、メキシコのグアダラハラで開催されるキャンパス・パーティでの講演とのことだった。

何度かこのコラムでも書いているが、僕はあまり取材を受けるのが好きではない。『FFⅩⅣ』を担当する以前は、とにかく取材をお断りしていた。けれど、じつは学生向けの講演だけは、昔から積極的に受けていて、いくつかの学校で特別講義の依頼を引き受けたこともある。僕もゲームが大好きなだけの学生だったし、いろいろな人との出会いによって今があるので、「少しでも業界に恩返しできることがあれば……」という思いからだった。

今回も、海外とはいえ情熱的な学生の皆さんが相手ということで、せっかくご依頼いただいたことだし、受けたいという思いはあった。ところが、スクウェア・エニックスアメリカからの資料をめくっていて驚愕。過去の著名講演者のリストを見たときだった。

- アメリカのゴア副大統領
- ブラックホールでおなじみの物理学者ホーキング博士
- WWWの考案者ティム・バーナーズ
- アタリ社の創業者 ノーラン・ブシュネル

などなど……

「は？ これ、絶対に依頼先、間違えてるって！」と大声を出して笑ってしまった。さすがにミスでしょう？ 僕はここで、恐らく主催者側が“ビデオゲーム……日本……『FF』……”という連想を行い、とりあえずGoogleで検索してみたら僕の名前が出てきて、生みの親か何かと間違ったに違いない、と推測した。

「とにかく、主催者側にもう一度確認してくれ。坂口さん（坂口博信氏。『FF』の生みの親。現ミストウォーカー代表取締役社長）と取り違えてるんだと思う。ほら、こういう間違いは、後で言い出しにくくなるじゃん？ あ、ヤバい、生みの親かと思ったら違った！ でも、もう言い出し難いから、このままにしておこう……って感じでさ。こっちも、あ、こいつら間違えて依頼したな！ うわー、場違い感半端ないわ……って具合で、そうなると、双方不幸なわけだよ！」。僕は、アメリカとの電話会議でそうまくし立てた。

しかし、1週間後に来た連絡は意外なもので、何度確認しても、僕に対しての依頼に間違いはないという。理由を聞くと「ブランドの立て直しや、ゲームデザイン論、ビジネス論、リーダーシップ、その他……失礼ですが、吉田さんがご自身で思っているより、評価は高いようです」とのこと。「うーん、それ、間違ってたから、あわてて調べ直して言ってるんじゃないの？」と疑り深い僕。「イベント主催者側の依頼主は、相当この分野に詳しく、メキシコでの知名度から考えても、ぜひ吉田さんにと言っています」、「え、メキシコでの僕の知名度って高いの？ さっぱり自覚がないぞ……」。

キャンパス・パーティ メキシコの実施日程は6月29日から。E3 2016と日が近く、相当タイトなスケジュールになる。しかし、依頼されている基調講演は7月2日の午後4時。もっとも人が多く、パーティの中でもメインとなる講演のひとつとのこと。ここまで用意してもらうというのは光栄なことかもしれないし、何より、熱意ある学生さんたち向け。何度確認しても僕で間違いないと言うし、ここはお受けしようかと決める。

ここから準備に取り掛かるわけだが、僕はメキシコのゲーム市場に詳しくはないので、勉強するしかない。主催者側にも、テクノロジー寄りか、ゲームデザイン寄りか、それともビジネス寄りなのか、僕に講演してほしい内容をヒアリングする。大学生が数万人規模で集まるのなら、いずれかに特化した講演にすべきかな、とも考えていたが、どうやら今回それは避けてほしいらしい。

僕も調べてみたが、メキシコのゲーム業界は、まだ誕生して日が浅い。ゲームはかなり昔からプレイされているけど、メキシコにゲーム会社を設立し、メキシコの人たちでゲームを作り始めたのは、つい最近のことのようだ。ビデオゲームは娯楽である。娯楽に対してお金を払うためには、生活に余裕が必要だ。政治不安や財政不安に陥ると、真っ先に売上が下落するのがビデオゲームでもある。メキシコ自体の歴史を見ても、なるほど、いまの学生たちのハングリーさがよくわかる。

主催者側とも協議を重ね、講演のテーマは“Design Your Game, But Don't Forget to Think Business.(ゲームデザインをしよう！ でも、ビジネスモデルを考えることも忘れるな！)”に決める。主催者に聞いたところ、メキシコの学生たちは、ビデオゲーム市場に憧れを抱いている。でも、それはまだ漠然としたもので、ゲームをプレイしていれば、いずれ開発者になれると思っている人も多いらしい。ゲームを論理的にとらえてもおらず、どうしていいのかわからない学生も多いとのことだった。

そうなのであれば、いま一度ビデオゲーム市場の歴史を、ゲームデザイン、ビジネスモデル、いずれの側面からも再認識する講演にしようと決める。自分たちが働きたい、と思っている市場の根幹を再認識して、“働く”とはどういうことなのか、それを論理的に考えるきっかけにしてもらおう。ベースの認識がぼんやりしていては、その後の知識吸収や開発経験にとって悪影響だし、非効率だからだ。つまり、大学の年間講義で言えば第1回に当たる。2回目からの講義は、メキシコの業界人たちで進めてくれればよい。きっかけとなる、1回目の講義を任せてもらったのだと考えることにする。

というわけで、僕ももう一度、ゲーム業界のいろいろを勉強し直し、たくさんの人に協力してもらいながら資料と台本を作成。お堅い講義にはなりそうだけど、途中に質問も挟みつつ、できるだけ大学の授業風にしたいと考えた。最大の問題は、僕自身、大学に通ったことがないので、脳内イメージだけで進めているという点だ。では、初見、予習なし、ぶっつけ本番のキャンパス・パーティ メキシコ、次回“昇天編”に続く。

# 「高難易度レイド キャンパス・パーティ メキシコ　昇天編」（2016年8月11日号掲載）

吉田はこう見えても（？）、じつはあがり症である。このことに気がついたのは、忘れもしない小学5年生のある日、オセロ部の副部長に選ばれたときだった。オセロとはまた地味な、と思うかもしれないけれど、僕が子どものころはわりとメジャーな遊びだったし、僕は市内の大会で何度か優勝したことだってある。

そして副部長に選ばれた運命の日、僕は「意気込みを語ってね」と顧問の先生に言われるがまま教壇に上がる。そして、ひと言話そうとして頭が真っ白になったのだ。教壇からどう降りたのかもわからないほど狼狽し、気がつけば先生に「ごめんね、わたしが直樹くんを副部長にしたから……」と謝られる始末。間もなくして僕はオセロ部を辞めた。封印したい過去であるが、吉田があがり症であることの証明として書き記しておく。

それから32年が過ぎ、あがり症であるはずの僕は、メキシコにあるグアダラハラという都市に来ていた。ここで開催されているキャンパス・パーティ　メキシコにて、ゲーム業界に関する基調講演をするためだった。

メキシコは日本に比べると治安が悪い。ひいき目に見てもそれは確かだ。メキシコは、財政不安や政治不安がようやく落ち着き、これからさらに発展が見込まれている。メキシコ訪問は2回目だが、今回も僕の前後を屈強なボディーガードが固めている。

夕食の最中、日本から同行してくれているコミュニティーチームのモルボルこと室内(室内俊夫氏)が、いち早く会場の様子を撮影してきてくれたというので見てみることにする。心なしか室内は、写真を見せることに乗り気ではない様子。

「どうしたの?」と聞くと、「いや、吉田さんは見ないほうがいいかもしれません」と言う。「いいから見せなさいよ」と言って彼のiPhoneを覗き見て絶句。これだ。

(撮影:室内俊夫)

「ナニコレ？」と吉田。
「あなたが明後日、基調講演をする場所です」と室内。

吉田「……何かの間違いか、冗談では？」
室内「わたしもこれを見た瞬間、ちょっと吹き出しました」
吉田「ですよね……」

蘇る小学5年生の記憶。オセロ部の副部長として立ったのは教壇であり、当時の聴衆はオセロ部員8名のみだった。それがこの仕打ち。いまになって、講演依頼なんて引き受けるんじゃなかったと後悔するも、後の祭りである。

翌日から2日間は基調講演の前に『FFⅩⅣ』のPRが仕事となる。『FFⅩⅣ』は残念ながらスペイン語やポルトガル語に対応していないが、中南米には英語版で遊んでくださる熱心なプレイヤーさんも多い。キャンパス・パーティでは、最新のロボット工学や宇宙物理学などのテクノロジー関連から、エンターテインメント業界まで、幅広く学生に向けて講演が行われている。先ほど紹介したメインステージ以外にも、ブースのいたるところに、非常に小さくはあるがステージが用意され、学生たちが熱心に講義を受けていた。メキシコの大学生たちはとてもハングリーで、少しでもこれらを吸収し、いまよりも飛躍することに熱意を注いでいると感じた。

まだ市場は未成熟で、不安定な要素も多い。しかし、だからこそ市場の先駆者になって、一気に飛び抜けるチャンスがある。そういう感覚は、いまの日本では随分と減ってしまったように感じるが、キャンパス・パーティのように、学生さんたちが集まれるイベントがあれば、また違ってくるんじゃないだろうかとも思う。

スペイン語やポルトガル語への対応がまだ少ないビデオゲーム業界では、どうしても中南米でのPRが必然的に手薄になる。逆に言えば、PRとして赴くと、びっくりするくらい大歓迎してくれる。地元のゲームメディアの皆さんはもちろんのこと、大手新聞社も取材に来てくれ、どのメディアさんも真剣に話を聞く。また、事前の調査も非常に濃く、『FFⅩⅣ』に関する知識もこちらが驚くほどだった。基調講演の依頼をしてくださった方にもお会いでき、「とにかくメキシコのゲーム業界は始まったばかり。だからこそ、学生たちにはまず、吉田さんの熱意を伝えてあげてほしいのです」と言ってもらえた。プレッシャーだなぁ……。

そして基調講演当日。午後4時からの講演に合わせ、朝からリハーサル。会場は講演がぎっしり詰まっているため、テクニカルリハーサルしか行えず、ステージ上での講演はぶっつけ本番の一発勝負。ハードルが高すぎる。

開演時間30分前になり裏口から入ってステージの真裏へ。吉田はというと、どうにもこうにも落ち着かず、やたらとタバコを吸い、やたらとウロウロ歩き回る。そのたびにボディーガードのふたりも右往左往。前の講演者のステージが終わり、袖から客席を見ると、ものすごい人の群れ。トラウマが蘇る。「もう逃げ出したい！」と昇天寸前。

……と思っていたら、客席最前列にいたかっぷくのいいご婦人が、吉田を見て叫び声を上げる。何を言っているかわからないが、とにかくこっちへ来てくれとアピール。近づいてみると、鉄柵から身を乗り出して、思いっきり抱きつかれた。歓迎してくれているらしく、肩を組んで写真を撮ると大興奮。ふと見ると、まわりの人たちもみんな写真を撮ろうと、肩を組んできてくれる。なんと、会場運営のスタッフまで。不思議なことに、これで一気に緊張がなくなった。みんなゲームの好きな人たち……つまり、味方だったということ。

基調講演はどうにかこうにか、予定していた内容はお話しできたように思う。僕が話すのもおこがましい内容だったかもしれないけれど、参加してくれたメキシコの学生たちが、感覚ではなく、論理的にゲーム市場を見てくれるきっかけになれば、少しは役に立てられたという気になれるかも。講演を終えてQ&Aをやっているとき、学生たちの真剣な質問を受ける中で、「ああ、来年また来て、もっとたくさんの学生さんと話したいな」と思っている自分に気がついた。

こうして、開始直前に抱きついてくれたご婦人のおかげで、なんとか無事に乗り越えたキャンパス・パーティ メキシコ。講演後に偶然そのご婦人と会場で再会したとき、「あなたのおかげで緊張が取れました」と伝えると、きょとんとした顔してたっけ……。また来年、お会いしましょう(笑)。

# 「作り手の思うこと」

（2016年9月1日号掲載）

“コラボレーション”という単語が頻繁に使われるようになったのは、2000年ごろからだったように記憶している。所詮は吉田の感覚と記憶なので、アテにはならない。コラボレーションという単語は、改めて思えば定義がとても難しい。“企業間コラボ”という呼びかたもあれば、“異業種コラボ”などもあり、企業間でかつ異業種の場合には、どっちで呼ぶのかしら？ と思ったりもする。

コラボレーションの流行は音楽業界から発せられたようで、大物アーティストどうしが同じ楽曲を演奏したり、歌ったりするようになったのがきっかけとのこと。以降、「まさかあの大物どうしが？」、「まさかこんな異色のコラボが!?」といったアオリ文句が当時の常套句だったようだ。

最近のゲーム業界でも、コラボレーションは多い。しかし、ゲーム業界でコラボレーションが流行り出したのは、数年前からだと思う。おもにソーシャル系アプリのゲームがヒットし、多方面とのコラボレーションが盛んになった。では、なぜゲーム業界ではコラボレーションの流行が遅かったのか？

それは、“ビジネスモデルの推移”と“業界関係者の世代交代”が原因だと思う。プレイステーション3全盛期まで、日本のゲーム産業の花形はコンソールゲームであり、各ゲーム開発会社はこぞって自社のオリジナル“作品”の開発に力を入れていた。よって、PRはおもに、“他社のゲームよりも、自社のゲームのほうがおもしろく見えるように"ということに注力されていたのだ。また、ビジネスモデルも"売り切り"が主流であり、日本市場の場合は一次問屋がゲームを購入してくれれば、返品リスクが存在しない(※1)ため、"売り抜ける"ことに主眼が置かれていた。つまり、他社のゲームやキャラクターとコラボレーションするメリットが皆無なのである。

これがソーシャルゲームやアプリの台頭により、ビジネスモデルとして"F2P"(※2)と、開発完了して売り切って終わりとは正反対の"運営"というふたつの概念が現れて一変する。アプリをダウンロードしてもらうだけではまったく売上にならず、開発資金も回収できないため、アイテムやスタミナ回復、仮想通貨を販売する、"マイクロトランザクション"(※3)が必須となる。その結果、収益を長く得るために"運営"も必然となり(そもそも即運営終了するなら、誰もデータにお金は払わない)、少額でもいいから、お金を払ってくれる、"新規顧客の開拓"が生命線になっていく。

ここまで書けばおわかりの通り、"よそ様のコミュニティーを自社ゲームのコミュニティーに引っ張ってくる"ことで、新規獲得を狙うのがコラボレーションの最大の意図。有名なアニメやマンガのキャラクターとコラボし、そのファンをゲームに引っ張り込む。アニメやマンガを好む消費者は、ビデオゲームとも親和性が高い。自分の好きなキャラクターの装備やカードを得るために、お金を払ってくれる確率も高い。さらにいまでは、ゲームどうしのコラボも盛んになった。お互いのコミュニティーを交換しましょう、というか混ぜましょう、という考えかただ。

---

※1 売り切り……日本のビデオゲームは返品不可の買い取りビジネス。北米や欧州は、日本の書籍と同じく返品(返本)可能。日本は問屋の在庫リスクが超高い。いつまでこのモデル続けるんだろう……。
※2 F2P(フリー・トゥ・プレイ)……プレイ料金無料のゲームのこと。ゲームアプリも無料でダウンロード、無料でプレイ可能。もうそろそろ注釈いらないかも。

ゲームどうしのコラボは、コンソールゲーム市場ではほとんど見られなかったと言っていい。前述したように“利益的なメリットがない”ことも大きい。ただ、ソーシャルアプリのヒットによって、ゲーム業界内で世代交代が進んでいることも大きく影響しているようにも思う。アプリ業界の役員には、異業種から飛び込んできた方も多く、これまでとは価値観が違う。損して得取れ、は言い過ぎにしても、きっと、「自社ブランドだけで戦う時代じゃない」とか、「より多くの人に遊んでもらうことになんの悪がある」と思っているのかもしれない。誤解されそうなので書いておくけれど、これは非難ではない。やっと一歩進んだのかも、という感覚に近い。

そんな中、最近『FFXIV』で大きなコラボレーションをふたつ実施した。ひとつは同じオンラインゲームというジャンルの『ファンタシースターオンライン2』(以下、『PSO2』)であり、もうひとつが『妖怪ウォッチ』。前者は相互ではなく、『FFXIV』のミコッテという種族の衣装やジョブ装備、闘神オーディンが『PSO2』の世界にゲスト登場。後者は、たくさんの人気妖怪たちが、『FFXIV』の世界である“エオルゼア”に13種類も登場。さらに、これら妖怪をモチーフにしたジョブ専用武器もある。この武器のデザインは、レベルファイブの『妖怪ウォッチ』のアートチームが手掛けてくれた。『FFXIV』からも、モーグリとチョコボが『妖怪ウォッチ3』に出張中。

いずれもコンソールゲームどうし、とくに『PSO2』は同ジャンルなので、お客様の食い合いになりかねない。これらふたつのコラボに共通するのが、作り手どうしが決めたコラボレーションである、ということ(レベルファイブの日野さん(日野晃博氏)は経

※3 マイクロトランザクション……少額課金。アイテムやゲーム内通過を100円単位で購入するなどが例。基本はF2Pとセットになっている。少額と侮ると、累積でえらい金額になっていることも。

営者でもあるけど)。

『PSO2』のプロデューサーである酒井さん(酒井智史氏)や、ディレクターの木村くん(木村裕也氏)とは「とにかく、日本のオンラインゲームをもっと盛り上げよう!」、「そもそもオンラインゲーム全体のユーザー数を増やそう!」という思いが強く、利益で言えば、もっと将来的に人が増えて還元されればいいや、という考えかた。

『妖怪ウォッチ』とのコラボは、総監督である日野さんがそもそもヘビーな『FFXIV』プレイヤーでもあることから、「どうせこのふたり(日野さんと吉田)でやるなら、利益追求型じゃないコラボをとことんやってみよう!」という作り手どうしの会話から始まった。「じゃあ、人気絶頂妖怪を全部ください」と言ったのが吉田。「じゃあ、武器のデザインは全部レベルファイブでやるから」と日野さん。

「つぎの新作オンラインゲームを作るころには、もっとユーザーが増えてくれているといいよね!」
「妖怪で育った小学生たちが、『FFXIV』でオンラインゲームやHDゲームのすごさを知る、それがコンソールゲームやオンラインゲーム業界の今後につながるといいな!」

確かにコラボレーションには、そのゲームの世界観に一石投じることもある。けれど、ふつうではやれないことをしでかすのも、僕らが作り手だからこそ。音楽業界で流行り始めたコラボレーションは、もともとこういう感じだったはず。ゲーム業界でも、たまにはいいのでは?

# 「表裏一体、紙一重 Part.❶」

（2016年9月15日号掲載）

8月27日は『ファイナルファンタジーXIV：新生エオルゼア』の正式サービス開始日であり、2016年の今年は3周年にあたります。『旧FFXIV』のαテストから数えるとすでに6年。随分いろいろなことがあったと改めて思います。

この8月、吉田は欧州最大のゲームイベントであるgamescom 2016への参加のため、ドイツにあるケルンという都市に滞在していました。gamescomは水曜日〜日曜日の5日間開催で、初日のみ完全メディア／ビジネスデー（一部、抽選に当たったゲーマーのみ入れるらしい）。イベント会場は午前9時オープン、午後8時クローズと非常に長いのが特徴。僕は前半の3日間インタビュールームに缶詰となり、ひたすらに各国メディアさんの取材対応。『FFXIV』ブースに顔を出せるのは、せいぜい3日目の午後からです。

今回のgamescomでは8月27日が近かったこともあり、『新生FFXIV』の3年を振り返る、というインタビューが多かったように感じました。

**「この3年間の成果は、**
**吉田さんを十分に満足させるものですか？」**

**「非常にきびしい市場の中、**
**これだけ成功できると思っていましたか？」**

「この3年で、もっともうまくいったこと、
逆にうまくいかなかったことはなんですか？」

「アップデートサイクルに変化があるように感じますが、
今後もチャレンジは続きますか？」

などです。おもしろかったのは、ワールドレコードで有名なギネス社のゲーム担当者が来て「ぜひ何か記録を載せたい」というのもありました（ギネスは自己申請するとお金がかかるのですが、この場合はきっと無料）。

どのメディアさんもMMORPGにおける“なんとなくの区切り”を3年と感じているようでした。言われてみれば、これまでヒットしてきたMMORPGを見渡しても、なんとなく3年目が節目になったな、というのは僕も感じることです。

がむしゃらにスタートした1年目。ローンチ（サービス開始）時の細かい問題を抱えつつも、その問題を解決しながらコンテンツの拡充を進める。2年目は展開地域を拡大し、さらに最初の拡張パッケージを発売して規模を拡大。3年目はMMORPGの運営が安定し、逆に“既定路線化”するタイミングでもあります。これは『FFXIV』に限った話ではなく、どのMMORPGもある程度順調にいけばこのようになる可能性が高い。

安定した運営の波に乗ったMMORPGは、前述した既定路線化とともに、もうひとつ“プレイヤーの飽き”と戦っていかなければ

ならなくなります。安定する＝リズムが一定になるわけですから、波乱や大きな変化は訪れなくなってきます。

1年目は“新しさがあって楽しい”うえに“たまに不安定になる”という、初期ならではのおもしろさもある。2年目は拡張パッケージで大きく飛躍が見られる。新しい土地、新しい物語、新しいキャラクターの追加。しかし、3年目となると、“初めて体験する事象”に出会うことがどんどん減っていき、「どれもなんだか同じに感じられるなあ」という感覚が強くなってきます。これが一般的に言う”慣れ”や“飽き”です。

どんなものにも、多かれ少なかれ“飽き”は必ずやってきます。どんなに大好きな食べ物でも、毎日、毎食食べていては、飽きを通り越して嫌いになることすらあるでしょう。購入当時はとても気に入っていた自転車やクルマも、3〜4年乗り続けていると、だんだん新車が欲しくなってきます。心の底から愛していると誓い合ったパートナーでさえ、毎日ベッタリくっついていたのでは、飽きてしまうかもしれません（飽きない人もいるっぽいけど）。

この“飽き”はもちろん個人差があります。毎日が新鮮に感じられる人、自分で驚きや新しさを“発見できる”人は、あまり飽きを感じず、何事もポジティブに受け入れることができるようです。ですが、多くの人は徐々にこの“飽き”を抱き、そこから逃げられなくなります。しかもこの“飽き”は、安定した生活になればなるほど刺激がなく、早く訪れるようになります。

『FFⅩⅣ』は新生して丸3年を迎え、この“安定”と“規定化”と“変革”のハザマを漂っている時期です。いまからプレイを始める方にとっては、膨大なコンテンツがあるため、この感覚は感じ取れないと思いますが、通算プレイ期間が3年を超えた方たちは、多かれ少なかれそれを感じていることと思います。

今回gamescomの会場にて、外でタバコを吸っているときに、30代半ばくらいのイケメンなゲーマーからこんな質問をされました。

「ミスター吉田、俺は『FFⅩⅣ』が大好きなんだ。でも、ずっとプレイし続けるのが辛くなってしまって、いまはゲームを休んでいるんだ。すまない。何かずっとゲームを続けるためのコツや、モチベーションがあれば教えてくれないか？」

僕は少し考えた後、思い切って本音を話すことにしました。英語だったので必死に考えながら。

「無理して毎日やらなくていいよ。ゲームなんだし、辛いならやめればいい。むしろ、いまはたくさんゲームが発売されるから、ひとつに絞るのはストレスだよ。だから、メジャーパッチが出たら一気にプレイして、飽きる前にパッとやめて、ほかのゲームやればいいよ。また、メジャーが出たら戻ってくる。僕はそれがいちばんうれしいし、結果、それがいちばん長くゲームをプレイするコツだと思う」

イケメンゲーマーは真剣に聞いてくれた後、あきれたように「自分のゲームをやらずに、ほかのゲームをやれっていうプロデューサーは初めてだよ。でも、パッチ3.4で必ずカムバックするよ！」と約束してくれました。

しかし、僕がイケメンゲーマーにアドバイスしたのは、あくまでも“飽き”を遅くするためのコツです。大好きな相手やモノに傾倒しすぎず、適度に距離を置くことで飽きを遅らせる方法。これは“プレイする側が飽きないようにするためのコツ”であって、本来は僕ら開発チームの“飽きさせない努力”が最重要になります。

もちろんプロデューサーとしてもディレクターとしても、この“安定”と“既定”から来る“飽き”への対策と、“挑戦”することについて、考えをまとめる時期に来たと思っています。しかし、その一方で“安定”とは幸せの継続でもあり、“挑戦”は崩壊の危険をはらむものでもあります。これらのバランスを『FFⅩⅣ』ではどのように取っていき、どの方向を目指すのか……それはまた次回！

Letter #68

# 「表裏一体、紙一重 Part.❷」

（2016年9月29日号掲載）

2016年8月27日を迎え、『FFⅩⅣ』は新生してから丸3年が経過しました。これだけの成果を持ち、3年という期間、MMORPG業界の最前線で世界と渡り合ってこられたのは、プレイヤーの皆さん、ファンの皆さん、メディアの皆さん、そして日夜努力を続けてくれる開発／運営チームのおかげです。本当にありがとうございます！

さて、新生3周年を迎えるに当たり、前回と今回のコラムで『FFⅩⅣ』というよりはMMORPGの運営方針について書こうと思っています。

前回のコラムでは、“安定”と“既定”から来る“飽き”に触れました。オンラインゲームの運営において、安定周期に入り、コンテンツのアップデートが既定路線になることは、果たして悪なのでしょうか？ 結論から言えば、吉田は悪だとは思っていません。しかし、ただただ既定路線を守ることが、正しいわけでもありません。

オンラインゲーム……とくにMMORPGの場合、根幹にあるゲームデザインは、多くのプレイヤーの“生活基盤”となっているため、変更した場合には大きなストレスを生みます。ローンチに失敗してしまった場合には、根幹のゲームデザインが、“多くの人に受け入れられなかった”という裏返しでもあるので、ビジネスモデルの変更と同時に、ゲームデザインを大きく変えることが、立て直しの手法としてよく用いられます。『新生FFⅩⅣ』もこれと同じでした(ビジネスモデルに変更はなし)。

ゲームを長くプレイしているプレイヤーは、この当たり前の生活を“飽き”だと感じるようになりますが、これがなくなってしまったり、大きく変わってしまうと、途端に“不安”を感じるようになります。極端な例ではありますが、『旧FFXIV』での変更例を挙げてみます。

2011年7月22日、『旧FFXIV』にパッチ1.18が導入されました。このひとつ前のパッチ1.17でそれまで最大15人パーティだったものが最大8人に変更され、このパッチ1.18ではバトルシステムの本格的なテコ入れが行われました。それまでの『旧FFXIV』は最大15人でモンスターをタコ殴りにし、回復役だった幻術士は当時最強の回復魔法だった“ケアルIII”という魔法を、ひたすら連打するような状況でした。

パッチ前の“ケアルIII”の消費MPは、なんとたったの36。当時最強の回復魔法でしたが、いくら連打してもMPが枯渇しなかったのです。『ドラゴンクエスト』で言えば“ベホマズンを連打してもMPがなくならない”というような状況だったわけです。パッチ1.18のバトルシステム変更にともない、「ケアル/ケアルII/ケアルIIIに、消費MP量の差をつけることで、状況に応じて使い分けてもらおう。思考停止状態でケアルIII連打は異常すぎる」ということで、ケアルIIIの消費MPは135となりました。

ゲームである以上、バトルは戦略的であるべきです。連打だけで勝てるバトルではおもしろくないですし、飽きも来てしまいます。僕はそう思って、この変更を実施しました。ただし誤算だったのは、バトルシステムをしっかり修正するまでこの変更を待ったことによって、"長期間に渡ってケアルⅢが連打できていた"ことでした。『旧FFXIV』のローンチからじつに10ヵ月後のことです。

『FFXIV』公式フォーラムには即時、"MP消費量をもとに戻してください!"というスレッドが立ち、「こんなのバグだ、調整ミスだ」という声すらありました。これは一部のプレイヤーの書き込みではなく、書き込みに対して"いいね"の数が100件近くに上ったのです。吉田はとてもショックを受けました。「今回の修正で、やっと正常なバランスになったのに、どうして……」と思ったのです。

これはプレイヤーの方が悪いわけではありません。人間はこの地球上で環境に適応する能力にもっとも長けた生物です。それがどんなにイビツで劣悪でも、それに慣れることが可能です。問題は、僕たち開発チームがこの状況を長く続けてしまったことにあります。極端な例ではありますが、当時の『旧FFXIV』プレイヤーにとって、10ヵ月も過ごしてきた、"ケアルⅢが連打できる環境"は、"安定"だったというわけです。変更がどんなに理想的で、それを頭で理解できたとしても、"反射的に拒否反応が出る"というのが、この出来事から吉田が学んだことです。

この『旧FFXIV』の例は、イビツなものを正常にしようとして起きた例ですので、いまの『新生FFXIV』の"安定"とはちょっと違うように感じられるかもしれませんが、むしろその逆です。ゆがんでしまっていたものを、正常な状態にしようとしたのに、当時のエオルゼアに住む皆さんからは拒否反応が出てしまったのです。つまり、現在「多少飽きたなぁ」と思っている方がいたとしても、とても安定している『新生FFXIV』のゲームデザインに、大きな変更を入れた場合、それがどんなに魅力的な大変革の1歩だとしても、『旧FFXIV』のとき以上の拒絶反応が必ず出ます(SWGショック[※1]というものがMMO業界にはある)。

**「変化なんて望んでなかった！ 前のままでよかったのに！ 初期の方針はどこへいったんだよ！」と。**

僕はゲームデザイナーで、ゲームを開発するのがとても好きです(取り柄もそれしかない)。いまよりもっとおもしろいものをお届けしたいと思いますし、新しいゲームデザインにもチャレンジしたいと思うことがあります。開発にも"飽き"があるからです(赤裸々)。

しかし、いまのエオルゼアは、この世界を気に入って600万人以上[※2]もの人が訪れてくれた場所です。いくら僕が「もうトークン制は廃止して、大変革をかけたい」と"仮に"思ったとしても、それら大勢の人の安定的な生活を壊すわけにはいきません。僕の「いっちょ新しいものを作るか！」という思いは個人のエゴです。そうしたものを期待してくれている方がいらっしゃるのも、なんとなくわかっています。しかし、それ以前に僕はMMORPGの運営責任者として、この世界を安定的に守る責任もあります。

---

※1 SWGショック……MMORPG運営の難しさをさらけ出してしまった実例。安定と飽き、変革と破壊は紙一重なのです。気になる方はGoogle先生に聞いてみましょう！(編注:Star Wars Galaxies、コンバット・アップグレードあたりの検索ワードがオススメです)
※2 600万人以上……2017年末現在、累計アカウント数(フリートライアルを含む)は1000万を突破しています。皆さんのご支援に感謝を！

だから僕は、『新生FFXIV』3周年を迎えたいま、“安定性”を担保しつつ、変化を求める方に「うわ、そう来たか！」と思ってもらえる“コンテンツ”を作っていこうと、あれこれ悩んでいます。当初のコンセプトに従い、“『FF』のテーマパーク”という方針は変えず、誰でも遊びやすい世界は維持する。でも、もう少し大型の刺激的なアトラクションがあってもいいな、と思っているということです。もしかしたら、ついて来れない人がいるかもしれないけれど、それくらい尖ったアトラクションでもいいのかも、と。

『FFXIV』はつぎの目標に向かって走り始めていますが、その目標の大前提は“安定性の継続”。しっかりそれを楽しんでもらった後、また変革へのチャレンジをしていこうと思っています。なかなかたいへんな目標ですし、挑戦するということは、それだけ失敗の可能性も高くなるわけですが、新生したのに比べれば……ねぇ。

# 「さぁ、寝るか！」

（2016年10月13日号掲載）

この原稿を書いているのは、2016年9月20日午前2時30分。正確には火曜だが、まだ寝ていないので僕の感覚としてはまだ月曜である。昨日、東京ゲームショウ（以下、TGS）が終わってクタクタだが、パッチ3.4のインタビュー原稿校正などをしていて、気づけばこんな時間になっていた。

このまま寝てしまいたいが、明日のスケジュールを確認したところ、来客が2件あり、1日中ミーティングで埋まっていたので、明日書くのは無理だと判断して原稿を書いている。TGS期間前に書いておけば！ と悔やんでみたが、パッチ3.4の実装チェックで殺人的スケジュールだったので、「物理的に無理だっただろうね、これは」と自分を納得させることにした次第。

TGSは今年の開催で20周年を迎えたそうだ。チャリティーオークション（※）用に「色紙にサインを書いてください」と宣伝担当に言われるまで、まったく知らなかった。というか、数えたことがなかった。考えてみれば、僕のゲーム業界に入ってからのキャリアが22年なので、ほとんどいっしょに歩んできたことになる。熱気の変遷は、以前コラムに書いたので、ここでは割愛させていただく。にしても、今年は恐ろしく忙しいTGSだったなあ……。

今年のTGSは木曜～日曜の4日間開催。木曜と金曜はビジネスデイで、一般のお客様が入れるのは土曜と日曜の2日間。僕はというと、前述した『FFXIV』パッチ3.4の実装チェック、10月から

※チャリティーオークション……TGSを主宰する団体によって行われているチャリティーオークション。売上はすべて寄付だそうです。お恥ずかしいことに、依頼があって初めてこの活動を知りました。お買い上げいただいた方、恐縮です。

の海外出張ラッシュへの準備などがあり、ビジネスデイに打ち合わせもないことから、金曜からの参加になった。と言っても、3日間で4本のライブストリーミング出演があったので、木曜の午後8時半に幕張入りし、深夜までリハーサルをして臨んだ。

TGSは年を追うごとにライブストリームが増えている印象。あちらこちらで生放送をやっている。自分も4番組に出演しているので、その片棒を担いでいるわけだけれど、こんなに必要なのかしらとも思う。もちろん、TGSは千葉県幕張市で行われるので、首都圏以外から会場へ来るのはとてもたいへんだ。都内に住んでいるスタッフですら、「宿泊なしで、通いですか……」と暗い顔をするくらいだ。だから、会場に行けない方のためにもライブストリームで情報発信があると、最新情報が行き届くし、便利なのかもしれない。

しかしその一方で、“会場に行く必要がない”のは欠点でもあるように思える。たとえば、雑誌でTGSの特集なんかは需要がなくなるだろうし、ステージを見ることだって、YouTubeやニコニコ動画で足りてしまう。ゲームの試遊だって、人気のものは開場1時間で整理券対応となり、列を成して遊ぶものではなくなった。だから熱気に欠けるのかしら、と思ったりもする。これだけSNSが発達し、お客様みずからが情報を拡散させてくれる世の中であれば、ライブストリームはむしろ厳選して行い、会場に来場しなければ得られない熱気と、視聴することのバランスを、もう一段考えたほうがいいようにも感じられた。

『FFXIV』は新生ローンチ以降、毎年TGSに参加し、たくさんのプレイヤーの方が遊びにいらしてくれる。地方からもたくさんいらっしゃるし、今回のTGSでは、「朝、目が覚めたら急に思い立って、京都から新幹線で来ました!」という方もいたくらい。TGSではフラフラと自分のブースの近くにいて、できるだけたくさんのプレイヤーの方とお話がしたいと思っているので、今回は生放送が多く、ちょっとフラストレーションが溜まった。"わざわざ会場まで来る"というとても高い労力を払ってくれたプレイヤーの方の中には、吉田にモノ申してやろう! と意気込んできたのに……ということがあったかもしれない。

プロデューサーレターLIVEという形式で、ゲーム開発側からの情報発信を始めた吉田だけれど、もともとは"双方向コミュニケーション"の手段としてライブストリーミングを採用した。Twitterでリアルタイムに質問を受け付け、リアルタイムにそれにお応えすることで、双方向を達成しようと考えたのがきっかけ。つまり、"情報を発信するため"に始めたわけではない。

TGSで行われた各社、各メディアのライブストリームをタイムシフトなどで流し観してみたが、やはり、"情報発信"がとにかく多い。あとは、声優さんを呼んでのトークセッションや、ライブ中継など。プロデューサーレターLIVEですら、TGSでの放送はもちろん、最近は質問回答を行う回が少なくなってきた。皆さんが最新情報に興味を持つからこそ、徐々にそうなってきたわけだが、その時点でプレイヤーの皆さんが関心を寄せている話題には、さらっとでも必ず触れるようにしているのがせいぜいの抵抗。

TGS会場からのライブストリーミングは、お金の面ももちろんそうだが、それ以上に機材や管理コストが非常に高い。つまりリスクが高い。テレビ番組のようにスポンサーがいて、CMを流すという広告収入があるわけではないので、自前の宣伝費用からこれを捻出する必要があるのだ。しかも、内容がつまらなければ、紹介している商品自体に悪影響となる。なんでもかんでもライブストリームすればいいというものでもない。だから声優さんとか、放送の上手な演者さんに出演を依頼する。これもまたコストだ。

これはべつに批判とかではなくて、そろそろ“生放送すればいいというものではない”を念頭に置いて、僕らも番組を作らないとダメだな、という自戒。そして、生放送をやるのであれば、できる限り多くの人に、その番組が、“いつ、どこで放映され、どうすれば視聴できるのか”という周知にも、コストをかけなければいけないな、と改めて思った今年のTGS。何事もバランスである。

ちなみに現在の時刻は午前3時15分。思いつくままに45分で書き上がったので、生放送のステージ上と同じく、ふだんどれだけ事前にいろいろなことを考えておけるかどうかが、追い込まれたときに生きてくるな、と思った吉田です。さぁ、寝るか！ と思ったら、コラムタイトルを何にするか考えていなかった……。

# 「死んだ魚のように」

**(2016年10月27日号掲載)**

昨日(2016年10月4日)、スクウェア・エニックスの2017年度新卒の内定者懇親会が開かれた。ここ3年くらい、10月1日を目掛けて内定者懇親会、4月1日に入社式の後の懇親会が設定される。つまり年2回、似たような懇親会がある。僕も開発担当執行役員として一応呼ばれるが、どうもこの行事はニガテである。

ニガテな理由そのイチが、新卒入社の人たちの目がものすごくキラキラしていることだ。いや、べつに悪いことではないのだろうし、新社会人としての第一歩でもあるうえに、もしかするとスクウェア・エニックスに憧れて入社が決まった子だった場合、喜びもひとしおなのだろう。誰だって人生初の入社式では、そんなものなのかもしれない。

しかし、どうしても皆、純粋、純真な感じで迫ってくるので、居心地が悪くなってしまう。僕はどちらかといえば、(中間指標より大幅に)クズに属する側の人間であるため、「そんなキラキラした目でこっちを見ないでくれぇ!」となってしまうのである。

ニガテな理由そのニが、彼らと話す内容にとても悩むからだ。とくに内定者懇親会の場合、彼らが実際に入社して仕事に就くまでに半年間の時間がある。だから彼らは、「入社までの半年、僕たちはどのような準備をしておくべきでしょうか!?」などと聞いてくる。思わず反射的に、「勉強からも就職からもついに解放されたんだし、好きなように遊べばいいじゃん!」と言いたくなる。

いや、実際に言うこともある。だが、僕が軽く言ったそのひと言を、ものすごく真剣な目でウンウンうなずきながら聞いているので、「も……もうちょっと、マシなことを言ってあげたほうがよかったのかしら……」となってしまうのだ。

ぶっちゃけ就職前の準備なんて、何の役にも立たない、と個人的には思う。自堕落に過ごしていたって、半年後には入社式があり、自動的に社会人の仲間入りをする。配属先は自分で選べない場合がほとんどだし、そうなると自分の上司や先輩だって誰に当たるかわからない。ゲームの作りかたは、その会社やチームによって、細かい文法や作法が異なるので、その中に飛び込んでみないと要領もわからない。つまり、この先、人生の大部分を過ごすことになる"社会"に出てからのほうが、よほど学んだり覚えたりすることが多いのだ。そう考えると、"受験もない、就職活動もない、親からもいっさい文句を言われない"という、人生始まって以来のパラダイスタイムは、ここにしか存在しない。しかもそれは最長でも半年である。

だからこそ、「卒業できるであろうギリギリの単位数まで学校をサボり、体験できる範囲の遊びはすべてやっておいで！」と思ってしまうわけだ。仕事に入ったら業務、業績、評価、給与、出世など、リセットしづらい過酷なレースがスタートする。べつに僕は全員がこんなレースに参加しなくてもいいと思うが、スタートくらいはダッシュしたいと思っている人が多いだろう。だから、遊んでいる暇なんてなくなる。

「自分は生活のために仕事するだけなんで、べつに……」という考えかたも大いにけっこう（むしろ割り切れていて吉田は好きだ）だけれど、自分で決めたスケジュール通りに仕事が終わらない、仕事でミスをして挽回が必要だ、残業しなければ終われない、なんてことは、自分の主義主張とは別次元でやってくる。だから、就職した直後のスタートダッシュは、後で楽をするためにもある程度必要になる。早く仕事を覚え、要領よく上司を使い、定時に帰るためには、知らなければいけないことがたくさんある。当然、遊びたい欲求を抑えて、これらをさっさと済ませたほうが得だということになる。嫌なことは先に終えるべきだ。

社会に出るまで、"準備のために遊んでおく"という発想は存在しないようだ。しかし、社会に出るとつぎの仕事へ前向きに取り組むためにも、意図的に遊ぶ（俗に言う息抜き）ことが、とても大切だと思う。だから、ぜひ入社前には遊んでおいてほしい。ゲーム開発の場合、その遊びから得た刺激や経験が、後で振り返ると結果的に発想のもとになっていた、ということも多い。

ちなみにこう書くと、「アイデアを出すために遊ぶのはいいことだ！」という主張に聞こえるかもしれないが、それはたいてい遊びたいための言いわけで、全力で遊んでいる瞬間に、画期的な何かをひらめくことはほとんどない。夢中で何かに取り組んだり、観たり、聞いたりしているときに発想が降りてくるのではなく、これらの刺激や体験が無意識のうちに脳内でつながり、意味を持った瞬間にアイデアを"ひらめく"のではないか、と僕は思っている。あくまで僕の場合だけれど。

こんなことを考えながら、今年も内定者懇親会が終わった。終わったというか、懇親会は21時までだったようだが、僕はアシスタントから、「20時に打ち合わせを入れてありますので、懇親会はさっさと切り上げて戻ってきてくださいね」と釘を刺されていたので早々に引き上げざるを得なかった。

スクウェア・エニックス本社の20階にあるラウンジから、自分のデスクのある18階へと階段を降りているとき、ふと思った。きっといま、僕は若者たちとは対照的に、死んだ魚のような目で階段をダラダラ降りているんだろうな、と。半年後にやってくるであろう入社式の後の懇親会では、"死んだ魚のような目になることは、決して悪いことではない"という話をしてあげることにしよう。

人はやる気がないとか、何かに絶望しているときにだけ、死んだ魚のような目をするわけではない。単に疲れたおっさんの場合、気を抜くとそうなるんだよ、と。彼らはそれを聞いてもなお、キラキラした目のまま、僕の話を聞いてくれるだろうか(笑)。

# 「悪戦苦闘の日々 Part.❶」

（2016年11月10日号掲載）

2016年10月14日、15日の2日間、アメリカ・ラスベガスのParis Las Vegas ホテルにて、FINAL FANTASY XIV FAN FESTIVAL 2016-2017が開催となりました！ その初日、最初のステージにて、『FFXIV』次期拡張パッケージである『紅蓮のリベレーター(※1)』をなんとか発表することができ、ほっとひと安心しながらこのコラムを書いています。

2014年に行った1回目のファンフェスに続き、今回は『FFXIV』2回目のファンフェスとなります。今回も前回同様、北米、欧州、日本で実施するワールドツアー形式。そもそも「ファンフェスなんて時間とお金のかかること、どうしてやるの？」とか、「べつに3地域にこだわらなくても？」など、いろいろな疑問があるかもしれません。そこで、僕なりに考えるファンフェスの意義や、その舞台裏を3回くらいに分けて、コラムにてお届けしようと思います。

ファンフェスは文字通り、"ファンの集い"であり、僕としては、"とにかく『FFXIV』が好きな人たちに集まってもらい、丸2日間、『FFXIV』にどっぷり浸かれるイベント"と位置づけています。また、それと同時に「こんな大がかりなイベントを世界規模で実施できるくらい、まだまだ『FFXIV』は元気ですよ！」と内外にアピールする意味も持つため、ファンフェスの実施や成否はとても重要なのです。

しかし、2014年のファンフェスは、僕がざっくり計画した長

---

※1『紅蓮のリベレーター……『FFXIV』の次期拡張パッケージ。まだまだ内容は明かせないことが多く、ひとまず発表しました、という感じです。今後の発表にもご注目ください！

期PR施策のひとつとして、『新生FFXIV』のローンチ時には開催がほぼ決まっていました。拡張パッケージ『蒼天のイシュガルド(名前まではさすがに未定だったけれど)』を発表し、世界をまわる、というものです。2014年は"『FFXIV』の年!"としてプレイステーション4版を発売し、ファンフェスを実施。さらに翌年には、初の拡張パッケージをリリースする。ここまでが、『FFXIV』の"新生"というイメージだったわけです。そういう意味では、今回のファンフェスは、前回と似ているようで意味がちょっと異なります。

いまだから言えることですが、前回のファンフェスは、赤字予測が出ても実施する覚悟でした。『旧FFXIV』の立て直しから応援してくださっている方に、なんとか、「ファンフェスができるほど、立派にカムバックしました」という姿を見てもらいたかったのが最大の理由です。『旧FFXIV』の立て直しのころから、熱心なプレイヤーの皆さんに、「規模は小さくてもいいから、ファンフェスをやってほしい」と言われていたことも大きく、それがたとえ最後のファンフェスになったとしても、実施すること自体に大きな意味があると思っていたのです。結果、1回目のファンフェスは、収益的にもマイナスにはならず(チケットとグッズ売上で、ほぼイーブン)、計画通りとなりました。

しかし、今回は『新生FFXIV』スタートから丸3年が経過してのファンフェス開催。もし運営がうまくいっておらず、利益が出ていなければ、会社はファンフェスの実施を許してくれるはずがありません。何度もこのコラムで書いてきた通り、ゲーム開発や運営はビジネスだからです。そのため、今回のファンフェス2016-

2017は、あらゆる面で前回よりもシビアに計画が立てられました。

そもそも、ファンフェスを開催するには準備に1年もの時間がかかります。何よりもまず、数千人を収容できる会場を押さえるのが難しいのです。大規模イベントにふさわしい場所はどうしても競争率が高く、1年前から探し始めなければなりません。今回のファンフェスは、1年前に場所の選定を始めたにも関わらず、日本は12月24日、25日のクリスマスしか確保できなかったくらい競争がきびしい、という状況でした。裏を返せば、実施の1年前には、実施可能なだけの利益確保や、1年後の収益予測を立てておかなければならず、近年、大型MMORPGでもファンフェスが実施されにくくなっている原因のひとつなのかもしれません。

もちろん、単にプレイヤーの集いを実施するだけではなく、各地のファンフェスでしっかりと新しいニュースを出していく必要があり、開発チームとの連携も必須となります。ファンフェスに合わせたグッズ企画や商品開発も重要で、これらはマーチャンダイジング部だけでなく、書籍や音楽事業も動くことになり、こうなってくるとファンフェス自体がひとつの事業に近いとも言えます。動くお金も会場ごとに“億単位”となるので、切り詰めるところは割り切って切り詰めないと、あっという間に収支が合わなくなってしまうためです。

そうした理由から、ファンフェス2016-2017は2015年10月ごろから企画検討が行われてきました。そもそも実施できるだけの資金があるか、規模はどれくらいにするのか、前回のファンフェス同様に世界ツアー形式とするのか、その場合、開催順はどうするのかなどなど、会場を押さえるだけでも、決めなければいけないことがたくさんあります。とくに開催順は重要で、これによって会場探しに必要な日程候補が絞られます。

今回も、前回同様に、「ウチを最初の開催地にしてほしい！」と強く主張したのは、北米のマーケティング/PR/コミュニティチームでした。これも前回同様、ファンフェスにて次期拡張パッケージの発表を行うことが決まっていたので、それをまず北米でやらせてほしい！ というのが彼らの主張でした。

北米はMMORPGというゲームの発明国のひとつでもあるし、MMORPGというジャンルに理解を示すゲーマーも多く、オンラインゲームの巨大市場となっています。その北米でファンフェスを使ってアピールすることは、そのまま新規プレイヤーの獲得につながり、現行プレイヤーのリテンション(※2)に大きな効果をもたらします。事実、2014年のファンフェス後のデータを見ても、北米での効果は抜群だったため、素直に彼らの主張を受け入れ、弾みをつけて世界各国を盛り上げよう、ということになりました。

そこから会場選びが始まったのですが、ここからがもう悪戦苦闘の日々となり……というところで紙幅が尽きたので、続きはまた次回！

---

※2 リテンション……プレイヤーのテンション(プレイモチベーションなど)を維持し、継続してプレイを続けていただくこと。同時に開発チームのリテンションも重要です。

# 「悪戦苦闘の日々 Part.❷」

（2016年11月24日号掲載）

2016年10月14日、『FFXIV』通算2回目のファンフェスティバルが開始となりました。2014年の1回目に比べ、さらに規模を拡大しての開催です。“FINAL FANTASY XIV FAN FESTIVAL 2016-2017”は、去る2016年10月14、15日にラスベガスで開幕し、2016年12月24、25日の東京での2日間を折り返しとして、2017年2月18、19日のフランクフルトでの2日間をもってフィナーレを迎えます。

全世界をツアーする大規模なファンフェスですが、今回のコラムはその舞台裏についての第2回。次回も含めて全3回のコラムでお送りする予定です（ネタが決まっていて助かる……）。

前回のコラムで、ファンフェス開催の意義や、その実施決断や準備開始が1年前に及ぶことをお話ししましたが、今回はその準備とはどんなものがあるかをお伝えします。

そもそもプレイヤーの皆さんに向け、「2016年にファンフェスが開催されます！」とアナウンスさせていただいたのは、2015年12月23日です。準備が1年前なら、告知も1年前から始まっていたわけです。発表当時、ネット上にてプレイヤーの方から、「随分とアナウンスするの早いなぁ」という感想をいただいたのですが、発表を急いだことには、大きくふたつの理由があります。

ひとつは、確定したファンフェス実施日程が年末などを含めることになったこと。とくに日本は10000人近い規模になるため、会場候補や日程にあまり選択肢がなく、けっきょく2016年12月24、25日という年末かつクリスマスど真ん中に確定。早くお知らせしないと、皆さん旅行などの予定を入れてしまう可能性があり、それで発表を急いだのです。

さらにもうひとつの理由として、北米会場となるラスベガスでは、会場候補の空きが少なく、ファンフェス2014よりも格上のホテルでの実施となり、ホテル側から、“500部屋を『FFⅩⅣ』で確保すること”という条件提示がなされました。つまり、会場となったParis Las Vegasホテルの部屋が、このファンフェス前後で500部屋以上埋まらなかった場合、差分はスクウェア・エニックスで補填してくれ、ということです。会場は貸す、しかしそのイベントの集客で500部屋埋めることを保証せよ、とはなかなかタフなことを言ってくれたものです。

北米のファンフェスも約5000人規模での実施ですので(これ以上のサイズは箱がない……)、きちんと集まってくれれば、間違いなくプレイヤーの皆さんの宿泊で500部屋埋まるとは思います。しかし、広大な全米からラスベガスに集まるためには、飛行機の手配、休暇の確保、家族との交渉など、いろいろあると思ったので、これもまた、「とにかく早く発表して、予定を立ててもらおう」ということになりました。結果、ファンフェスチケット発売後、即座にホテルの予約は埋まり、こちらもホッと胸をなでおろしたのでした……。

こうして、2015年末にファンフェス実施をアナウンスする前後から、並行して各地域のマーケティング/PR/コミュニティチームが一丸となり、企画の考案が始まります。今回は3ヵ所とも2日間の開催となったため、ステージでどんなイベントを実施するのか？ フロアアクティビティ(※)は？ サウンド系のイベントは？ など、決めなければいけないことが山盛りです。さらには、全体予算ともにらめっこなので、アイデアだけで好き勝手には当然進められません。

各リージョンに割り当てられた予算は、それぞれ約○億円（さすがに書けない）。会場費、設営費、イベンター費用、ストリーミング費用、音楽関連の実務費用、渡航費、運営スタッフ人件費……積み上げていくと、恐ろしい勢いで出費が増え、見積もりに記載されたマイナスを示す赤い数字の桁がおかしなことになっていきます。

「ファンフェスなんだから無償でやってほしい」というお声があるのも知っています。ですが、無償ではできることが限られ、ただ集まるだけのイベントになりがちです。また、『FFXIV』は長期運営を計画的に行うプロジェクトなので、“とりあえず1回ファンフェスをやれたらいい”ではなく、できれば次回もファンフェスを実施したい、という思いでイベントを企画しています。次回も実施するためには、赤字を垂れ流すイベントではなく、チケットを有料で購入していただく代わりに、その費用分以上にお客様に楽しんでもらえる内容とし、収支を合わせることで、「これなら次回も実施してオーケー！」と会社に思わせることが大切です。

---

※フロアアクティビティ……会場のフロアを使って設置されるイベントスペースのこと。巨大なモーグリが置いてあったり、ドラゴンを狙って槍を投げるアトラクションや、前回の欧州ファンフェスでは暴れるベヒーモスに何秒乗り続けられるか？ といったネタに走ったものも。もちろん、ゲームを使った試遊も多数！

僕たちは初期投資として、ファンフェスだけで数億円の出費をします。これは元手がなければ実施できません。そのうえで、チケット購入代金分の楽しさ、発表への驚き、お土産などをご用意し、グッズ売上などでイベント費用をできるだけ相殺するように努力します。以前もこのコラムで、「オンラインゲームの運営を安定的に行うためには、利益を得ることにも全力を注ぐべきだ」というお話をしました。ファンフェスも同じです。続けたいなら、顧客満足度を上げつつ、せめて出費を最小限にとどめる努力が必要です。

前回、「もっと規模を拡大してくれないと、チケット争奪戦に勝てない！」と多くのフィードバックをいただき、今回のファンフェスは規模を前回比約2倍に拡大しました。そのため、用意する会場は大きくなり、必要なスタッフ数も増大、グッズ待機列も尋常ではなくなるので、クレジット決済可能なレジ台を各会場で大量に用意。お買い上げいただいたグッズの梱包にも工夫をしないと、待機列が長くなります。

チケット代も前回に比べ、2000円ほど値上げとなりました。そのぶんの満足度を上げるためには、もっとおもしろいステージの企画が必要ですし、お土産にも工夫が必要です。チケットの金額、移動費用をどう感じるかは、個人の価値観差です。無論、安いとは思っていないので、購入してくださった方が、「また来たいな」と思ってくれるかどうかがすべて。そのために、開発も運営もPRもマーケティングも、全チーム一丸となって準備するのが『FF XIV』のファンフェスです。

ファンフェスチケットに当選した皆さんが楽しんでいただけるよう、いまはラスベガスでの実績をポストモーテム（編注：事後検証）しつつ、東京での実施に全力疾走中です。ご期待ください。

さて、そろそろ誌面が尽きましたので、今回はこのあたりで。次回は開発チームとの連携や音楽イベントの裏側をお伝えします。3回で終わるか怪しいペースだなあ、と思いつつ……。

Letter #73

# 「悪戦苦闘の日々 Part.❸」

（2016年12月8日号掲載）

『FFXIV』のファンフェスティバル2016に関するコラム3回目です。果たして、今回で完結なるか……。

『FFXIV』のファンフェスティバルは、“プレイヤーさんが数千人単位で集まり、『FFXIV』尽くしのイベントを行う”がコンセプトです。ここで重要になってくるのが、ステージイベントとフロアアクティビティのふたつ。今回は、これらについて書こうと思います。

ステージイベントは、文字通りステージ上で行う講演やトークセッション。“『FFXIV』の未来に関する”吉田の基調講演に始まり、『FFXIV』の世界“エオルゼア”に関するクイズ大会、PvP（対人戦）イベント、コスプレコンテスト、そして開発チームが壇上に上がって講演する開発パネルがあります。とくに頭を悩ませるのが、開発チームによるこのパネルセッション。いちばんの悩みの種は、“そもそも誰に依頼するか”です。

『FFXIV』の生放送は、いつもは吉田や開発コアメンバーが中心となって出演します。これらの生放送でも少しずつ若手スタッフの登壇機会を増やしてはいるものの、オンラインゲームの運営として顔や名前を人前にさらすことは、かなりの精神的リスクをともないます。また、出演の打診はマネージャー陣から行いますが、実際に出演するかどうかは、必ず本人の意思に任せることにしています。というのも、開発者は、“ゲームの開発をすること”で給料を得ていますが、プレイヤーの前に顔や名前をさらすことは、僕自身、“仕事に含まれない”と考えているからです。僕自身の出演も、プロデューサーですので、仕事の一部だと考えていますし、そもそも楽観主義者なので、ネット上で人格否定をされても、わりと平気なほうですが、やはり一般的ではないと思います（皆様、開発チームのみんなには、どうぞお手柔らかにお願いいたします）。

ファンフェスのステージイベントの企画は、各拠点のコミュニティチームが検討してくれますが、日本と北米で人気なのはやはりバトルコンテンツに関するパネル。欧州はアート系のリクエストが強いのですが、このあたりは地域柄でしょうか？

今回のラスベガスでのファンフェスには、初顔となる“Mr.オズマ”(※)が登壇し、おもにアライアンスレイドの裏話を中心にセッションを行いました。本人はとても緊張していて、前夜は眠れず、当日もステージ直前まで、ひとり控室の壁に向かって台本の練習をしていました（笑）。幸いにも、彼は一躍会場の人気者となり、多くの北米・光の戦士に声を掛けていただきました。

開発パネルに登壇するスタッフは、これまでに作った仕様書や絵コンテなどを切り出し、パワーポイントでラフ案を作り、会社で何度もリハーサルを行います。また、皆さんに楽しんでいただけるように、開発チーム各セクションやコミュニティチームが、登壇者の“晴れ舞台”にと、お土産の動画を作ってくれたりします。ファンフェスのライブストリーミングは、海外からも視聴することになるため、資料は英訳をつけて公開の準備をします。

---

※Mr.オズマ……中川誠貴氏。モンスターセクションの開発者。北米の人にとって日本人の名前は覚えにくいので、吉田がステージ上で付けたあだ名。彼は“禁忌都市マハ”のボスであるオズマの企画担当者であることから、この名前をつけた。実装直後、その難度で大いに議論が盛り上がったボスでもある。

このように、ファンフェスを実施するためには、開発チームとの連携が欠かせません。僕の基調講演は、次期拡張パッケージの発表を行うことから、拡張パッケージ制作の工程にも影響を与えます。たとえば北米ファンフェスでは、新たな冒険の舞台となる“アラミゴ”を紹介すると決め、9ヵ月ほど前から、ステージで使う素材を優先的に作業するためのスケジュールを組み立てました。プレイヤーの皆さんの関心が高いジョブに関するお話も、どのファンフェスで情報を出すのか、それはどのジョブからなのか、またそれは動画なのか、スクリーンショットなのか、これらは3ヵ所のファンフェスに向け、素材の内容を決め、それらを優先して開発していきます。

また、フロアアクティビティで何を実施するつもりなのかも、半年以上前からコミュニティチームが企画を行います。フロアアクティビティは、『FFⅩⅣ』の世界を表現した多数の遊びだけでなく、試遊台を使ったものも用意されています。ふだんから『FFⅩⅣ』をプレイしている皆さんにも、会場ならではの楽しさを味わってもらうべく、頭を捻ってアイデアを出します。前回のファンフェスの目玉は“闘神オーディン”とのバトルでした。

ファンフェス会場でプレイできるサプライズバトルコンテンツは、これまた半年以上前から開発し、イベント用のバランス調整を行います。まずはファンフェス会場限定でプレイができ、ファンフェスに来られなかった方のために後々パッチで公開する前提で制作されています。前回が8人でのバトルでしたので、今回は24人での大バトル。“原種アルテマウェポン”が皆さんをお待ちしています……。

さて、3回にわたって『FFXIV』のファンフェスティバルの舞台裏に迫ってみましたが、けっきょくのところ全部は書ききれませんでした。サウンドディレクターの祖堅（祖堅正慶氏）を中心に行う音楽ステージは、準備もリハも当日も含めてネタの宝庫なのですが、これらはまた、東京のフェス終了後に機会があれば書いてみたいと思います。

いずれにせよ、ファンフェスはお客様も、開発チームも、運営チームも、マーケティングチームも、PRチームも、『FFXIV』関係者が力を合わせて実現している最大級のイベントです。僕たちも苦労のぶん、目いっぱい皆さんといっしょに楽しみますので、会場で、ストリーミングで、お楽しみいただけると幸いです！

おっと！ 北米プレイヤーの皆さんとのあいだで、いろいろおもしろいネタがあったんですが、すっかり書くスペースがなくなったなあ……。次回は特別編にでもしようかしら（と言っているうちに、もう東京ファンフェスまであと1ヵ月！）。

Letter #74

# 「千里の道も一歩から」

（2016年12月22日号掲載）

先日放送した第33回プロデューサーレターLIVE（※1）にて、“パーティ募集機能”の大幅アップデートをお知らせすることができた。『FFXIV』のパーティ募集機能は、同一ワールド（※2）内のプレイヤーに対して、行きたいコンテンツを設定して募集を出し、それを見たほかのプレイヤーが参加してパーティを作るというシステムだ。

『FFXIV』には“コンテンツファインダー（以下、CF）”（※3）が存在するので、CFに対応していないコンテンツのメンバー募集や、フリーカンパニーの募集に使うのがおもな用途となる。

今回のアップデートにより、同一データセンター内のワールドならどこからでも募集が見られるうえ、どのワールドからでもパーティが組めるようになる。ワールド単位で運営を行うMMORPGの場合、どうしてもワールドごとに人口格差ができてしまう。同一ワールド内だけでパーティを集めようと思えば、当然ながら人口が多いワールドのほうが有利ということだ。しかし、今回のパーティ募集機能の“ワールド間パーティ募集化”によって、この格差問題をある程度解決していける。

また、人を集めにくい過去のコンテンツに行く場合、CFのマッチングでは、“自分以外にそのコンテンツをプレイしたいと思う人が何人いるのか”、どうしてもつかみづらい。つまり、どれくらい待てばよいかわからないという問題があった。従来はワールド内でのみ同じ目的の人を集めようとしていたものが、このア

※1 プロデューサーレターLIVE……『FFXIV』運営チームが定期的に行うライブストリーミング。おかげさまで33回を迎えられた。『FFXIV』のコンテンツのひとつに挙げてくださる方も多い。
※2 ワールド……『FFXI』や『FFXIV』では、ゲームをプレイするサーバーが複数あり、それぞれのことを“ワールド”と呼ぶ。サーバーと呼ぶゲームもあり、まちまち。MMORPGの始祖『Ultima Online（ウルティマ オンライン）』での呼称は“シャード”。

ップデートによってデータセンター全体へと広がることで、参加希望者の少ないコンテンツでも需要を満たしやすくなる。本当の意味での"ワールドレス化"への第一歩だ。

そもそも『FFⅩⅣ』を新生する際に、構造自体は"ワールドレス"を意識して設計するように、サーバーエンジニアたちにお願いしておいた。"ワールドレス"とひと口に言っても、設計と仕様は別物で、『ドラゴンクエストⅩ』のようにワールド間を自由に移動できるような構造にするには開発期間があまりにも短く、当時では不可能だった。そのため、インフォサーバーと呼ばれる管理サーバーを立て、そのインフォサーバーがすべてのプレイヤーの動向を把握し、データベースもワールド単位で用意するのではなく、負荷を考えてデータセンター単位とした。キャラクターの管理やセーブデータをワールド依存にしてしまうと、後でワールドの垣根を越えることが不可能になってしまう。これが、"ワールドレスを意識した設計"ということになる。

それがなぜ、実現までに3年もかかってしまったのかというと、やはり、"安定運営とアップデートをしながら"だったことがいちばん大きな要因。とくにオンラインゲームにおいて、サーバーが不安定ですぐにダウンしたり、何度ものメンテナンスを実施することは、お客様離れを生む。たくさんのコンテンツを定期的に提供するだけでなく、システムの利便性を向上させることが最優先となるため、パッチの合間にコツコツと作業を続け、ようやくリリースする目途が立ったのが今回。光の戦士の皆様には、ずいぶんと長くお待たせしてしまった……。

---

※3 コンテンツファインダー……『FFⅩⅣ』におけるシステムのウリのひとつ。行きたいコンテンツを選んでボタンを押せば、同じコンテンツへ行きたい人と自動マッチングしてくれる。同一データセンター内でマッチングする。

MMORPGにおいて、なぜワールド単位で運営されるものが多いのかというと、開発安定性と開発速度、開発難度が、ワールドレスに比べて圧倒的に優位だからだ。何かデータ不整合が発生しても、その被害は当該ワールドだけで済むうえに、メンテナンスもワールド単位で行うことができる。また、サーバーのマシンパワーにモノを言わせてワールドレスにすることも可能だが、そうなると月々の維持費……ランニングコストが重くのし掛かってしまう。

今回実装するワールド間パーティ募集では、パーティに参加した時点でパーティチャットも可能なので、チャットサーバーもワールドレスとなった。論理的にはフリーカンパニーチャットや、リンクシェルチャットもワールドレスが可能となるが、いずれもメンバーの処理がまだワールドレスではない。現在は、マッチングに影響するフレンドリストとブラックリストのワールドレス対応を優先しているが、いずれはフリーカンパニーもリンクシェルもワールドレスにできたらな、と考えている(簡単に言うな、とエンジニアに怒られそうだが……)。

残るは各ワールドの自由移動とマーケットの共通化だが、前者はまずフリーカンパニーやリンクシェルのメンバー管理をワールドレス対応する必要があり、後者はワールド管理であるためかなり大掛かりな改修となる。フリーカンパニーにはハウジングも紐づくため、データ構造の拡張は相当慎重にやらなければならないし、サーバー負荷も大きくなる。引き続き、1タスクずつ順序を間違えずに、我慢強く作業することが、結果的にプレイヤーのプレイスタイル向上につながる。

論理データセンター(※4)を超えるのは相当難しい。『FFⅩⅣ』は、プレイヤーの所持しているアイテム数がほかのMMORPGに比べて破格に多い。これをひとつの論理データセンターで管理するのは、恐らく不可能に近い。日本の論理データセンターは現在3分割されているが、まずはこれをふたつに統合することが現実的だと考えている。その際には、全ワールドの人口分布を見て、再配置することになると思う(※5)。

新規のプレイヤーがゲームを始めるとき「ワールドってのがあるんでしょ？ どこがいいの？」という会話がよく行われているけれど、「どこを選んでもいっしょだから、名前で決めていいよ！」と言える日までもう少し。

千里の道も一歩から。こうしたバックエンドのエンジニアリングやコスト投下は、どうしてもコンテンツ追加のような派手さはない。でも、本来のサービスとは、こうした日々の積み重ねの先にあると思う吉田なのでした。関連スタッフのみんな、本当にありがとう。

---

※4 論理データセンター……物理データセンターはサーバーを収容する巨大な建物とそのサーバー群のことを指し、論理データセンターはそのデータセンター内のサーバー群をいくつかの単位にまとめることを指す。『FFⅩⅣ』の日本データセンターは、3つの論理データセンターに分かれている。
※5……2017年末現在、『紅蓮のリベレーター』発売により、大幅にプレイヤー数が増加し、通信負荷が増大。無理に統合すると負荷問題で破たんをきたすため、論理データセンターの統合は見送られています。

## 「欲望と煩悩」

(2017年1月5日号掲載)

師走である。僕が担当するこのコラムは隔週掲載なので、2016年はこの号で掲載がラストになる。読者の皆様、そして担当してくださるオポネさん、本年も1年間お世話になりました!

吉田はあまり物欲がない。特定の何人かの誕生日以外、あまり暦のイベントにも興味がないし、そもそも最近は日付の感覚が怪しい。クリスマスも仕事が入っている。とくに収集したいと思うものもなく、ブランドモノに興味があるわけでもない。だから、「何か欲しいものはありますか?」と聞かれると困ってしまう。強いて言えば、"時間が欲しい"けれど、けっきょくその時間は仕事に使ってしまうので、物欲とは言えないに違いない。

この物欲という欲求は人によって強弱が異なるし、物欲という単語が示すものも幅が広いように感じる。物欲は文字通り"物体の所有欲"なので、特定の人物の恋愛感情を自分に向けて欲しい、というのだって物欲の一種なのかもしれない。この欲求もなくはないけれど、こと恋愛に関しては気長なほうなので、これもあまり当てはまらない。

吉田は同じように仕事欲(?)もあまりない。僕の仕事はゲームの開発だけれど、特定の、「○○○なゲームが作りたい!」とか、「このゲームを作れないと嫌だ!」というものがない。仕事の選り好みがない、ということかもしれない。予算書の作成とか、全社の人事案件とかは、正直やりたいとは思わないけれど、給料をもらっているのだからしかたがない、と割り切れる。「ニガテな仕事なので、手伝ってほしいです!」と正直に言うと、手伝ってくれる人もたくさんいて、職場環境としてはとても恵まれていると感じる。

最近インタビューを受ける機会があって、「吉田さんは『FFⅩⅣ』以外のゲームを作りたいと思わないのか」と聞かれた。一応、「作りたいゲームのストックはあります」と答えたし、作りたいと思わないのか? と聞かれれば、答えは、「作りたい」となる。しかし、やはり時間がない。僕のいまの最重要業務は『FFⅩⅣ』の開発と運営だし、会社がそれを望んでいるあいだはきっとそれを続けるだろうし、まだまだエオルゼアの世界で作りたいものや、挑戦したいことがたくさんあるので、モチベーションも高いままだ。

このコラムでも何度か書いてきたが、いまの家庭用ゲーム機でHDのゲームを作ろうとすると、開発難度が恐ろしく高い。それは資金という意味の難度もそうだし、テクノロジーという意味でも同様。そのためには、資金運用も開発計画もテクノロジーのチョイスも、何もかも高いレベルが要求される。それだけの人材を集中投入する必要が出てくる。これは開発に携わるスタッフだけでなく、マネージメントももちろんそうなる。挑戦するには、選択と集中が必要なので、実行するためには時期も重要だと思う。

年末は忘年会という名の飲み会が増えるけれど、やはりその席でも仕事の相談をされることが多い。「もっと○○がやりたい」とか、「もっと○○にならないか」のようなものだ。しかし、仕事は自分では選べないし、選ぶチャンスが来たときのために、いまを一生懸命やればいいというのが持論なので、あまり効果的なアドバイスができない。

これは自分がいまやるべき仕事に対して、自分なりに考え、行動し、成果を出そうということであって、べつになんでも会社の言う通りにしろ、という話ではない。会社側の判断がつねに正しいという保証もないし、そもそも会社は規模が大きくなればなるほど、多角的な視野で総合判断が下るため、現場の結論とズレが生じる。見ているモノは同じでも、見ている高さや角度が異なれば、結論も異なって当然とも言える。

担当している仕事は自分がいちばん詳しいのだから、会社や上司の判断に違和感があれば、しっかりそれを伝えればいい。上司の性格によっては疎まれるかもしれないが、仕事の結果がよければ、"面倒だけど使えるヤツ"と思われるかもしれない。成果が出れば、その上司の評価も高くなる。腹が立つこともあるけれど、「こいつは好きにさせたほうが、自分にもメリットがある」と思わせればしめたもので、「つぎは何を担当したい？」などと聞かれるようになるかもしれない。

これは相手にもよるので、難しいことなのかもしれないが、仕事が選べない以上、どうしても合わない上司の場合、会社を辞めるという選択肢がある。仕事は給料をもらい、生きていくためにしていることなので、"辞める"のも選択肢のひとつと考えたほうがいい。

年末になると、「会社を辞めたい」という話もよく出る。どうしても“辞める”だと後ろ向きに聞こえるかもしれないけれど、新しい会社で、新しい挑戦をすると考えれば、途端にポジティブに聞こえる。生きていくうえでお金が必要で、そのために仕事をしてはいるけれど、お金を得られるのは、なにもいまいる会社だけではない。そう思っていると気が楽なので、仕事に悩む人にはぜひお勧めしたい。あまり無理にがんばる必要はない。吉田はといえば、いまの職場も仕事もやり甲斐もあるし楽しいので、辞める予定はない。

欲はあって当然だし、むしろ欲がない人間はいない。人によって強弱はあれ、そういうものだと思う。モノが欲しければ、買えるだけのお金を得るために仕事をする。時間が欲しいなら、効率よく仕事をして時間を作るしかない（これは自分に言っている）。忘年会の席でも、愚痴を言っていた人も、最後にはなんだかんだ楽しそうだから、単に吐き出したかっただけなのかもしれない。

愚痴と言えば、近ごろのSNSやインターネットも、いろいろと吐き出したい人が多そうだ。気持ちはわからなくもないけれど、その書き込みはIPアドレス付きで、一生デジタルデータとして残ると思ったほうがいい。ネガティブなものだけでなく、ポジティブなものも同様だ。自分や家族の写真をアップするのもけっこう怖いことのように感じる。昔のように、ネット上のデータはもう消えない。どこかの誰か、もしくは企業が、情報としてアーカイブ化している。いずれ就職や結婚の際に、その人のデータを調査する時代が来ると思う。ネット上の身辺調査も間もなく一般化する。気をつけましょう。

欲や煩悩は、人間がふつうに生きていくための原動力になる。そんなことを考えながら、除夜の鐘を聞こうと思っているけれど、それすら“騒音”だと文句を言う世の中になりつつあるらしい。しきたりを守る、ということにとくに価値は感じないけれど、それで年忘れをするという人たちもいる。うるさいと思うのなら、住職になって慣例を変えるか、ヘッドフォンをするか、耳をふさげばよいのでは？

来年も人にやさしくあれる年でありますように！

# 「インターネットの今昔 Part.❶」

（2017年1月26日号掲載）

昨年末に掲載されたコラムの後半にインターネットのことを書いたところ、この年末年始で出会った人から直接フィードバックをいただいた。「え、インターネットってそんなに怖いものでしたっけ？」とか、「改めて怖くなった」という反応で、「どうせならコラム1本分書いてほしい」と言われたので、もう少しインターネットについて、思うところを書くことにする。

そもそもWWW（ワールドワイドウェブ）の発明によって、インターネットは世界規模で広がっていったわけだが、日本ではとくに大学生やIT業界に勤めている人たちを中心に、爆発的に普及していった。当時、日本のインターネット環境は電話回線を中心としていたが、NTTが電電公社時代の回線を引き継いだこともあり、長く独占市場となって、あまり品質はよくなかった。よって、個人でインターネット回線を使うというよりも、学校や企業が整備したネット環境を使い、そこから個人に派生していった経緯がある。しかし、大学生もIT業界も理系やエンジニアが多かったおかげで、モラルは保たれ、各種ツールもどんどん開発されたため、それらが普及の要因にもなったと言える。

このころ、北米を中心にオンラインゲームが誕生し、『Diablo（ディアブロ）』や『Ultima Online（ウルティマ オンライン）』がネット上で大きな話題となり、学業や仕事そっちのけで、オンライン上のゲーム体験にのめり込む人も多数いた時代である。

日本においてインターネットが一気に普及したのは、匿名性が強かったからではないと思う。当時WWWを含め、ネット上で活動していた人たちは、"自分の考えや研究、発想、思考を多くの人に公開したい"という思いが、その活動の原動力になっていた。純粋に"自己発表の新しい舞台を手に入れた"という感覚が強かった。日本のネット上に"日記サイト"が溢れ返り、誰も彼もが日記を書いていたように思う。

もちろん、みんなじつは他人の生活にはあまり興味がない。このころは芸能人やタレントにはインターネットが普及しておらず、本当に一般の人が日記を公開しまくっていたのだ。当然、有名人でもなく、自分と関わりもない人の日記を読もうとはしない。それでも、文才のある人の日記にはアクセスが集中し、そのサイトを中心にコミュニティーが形成され、そこで知り合った人たちが、交流を深めていくというのが当時の流れだった。

僕もこのころ日記サイトを運営していたが(このログはもうWWW上から完全削除されているので、見つけることができない)、デイリーアクセスが最大時300件、サイトをクローズするまでのトータルアクセス数は40万ほどになっていた。ゲーム業界系の暴言サイトだったので、消えてよかったと安堵している。

このころのWWWは、まだ"ビジネス"としては未成熟だったため、インターネット上のデータは、"揮発性"がとても高かった。書きっ放しでいても、いずれサイトがクローズしたり、プロバイダのWebサービスが消滅してしまえば、データを管理する人が不在となり、日記や写真は消えてなくなる存在だったというわけだ。しかし、「じつはWWW上のデータは、貴重な個人情報なのではないか」と考えた人や企業が現れ始める。同時にHDDなどのストレージ容量が飛躍的に大容量化、安価化したこともあり、2000年ごろからは、どこかの誰かが、無作為に(じつは無作為なわけがないのだが)WWW上のデータを保存し始めた。

皆さんも、「え？ なんで自分に？」と思うような、啓発セミナーの電話勧誘や商品のダイレクトメールを受け取った経験があるはず。あれは、卒業アルバムや各種ショッピングサイトに登録した個人情報が、不正アクセスされて出回ったものだ。不正アクセスとは言うものの、その実、その個人情報が“売り買い”されているということにほかならない。不正アクセスされたという建前のもと、意図的に情報を売っている会社すらあったのだ。

では、インターネットではどうか。いまや日本人でネットにアクセスしていない人は、スマートフォンやケータイを渡されていない10歳以下の世代か、70歳以上の方に限られるように思う。小学生の場合、学校の授業でPCに触れる機会があるため、アクセス率は高いのかもしれない。

言うまでもないが、インターネット上の発言には、すべて“IPアドレス”というネット上の住所記録が張りついている。このアドレスは基本的に完全固有のものなので、ダブりが発生しない。集合住宅などでは、IPアドレスをひとつ用意し、それを各家庭でローカルアドレスに変換して使っているが、これもルータにすべて記録が残っているため、簡単にアクセス先のPCを割り出すことができる。すべて履歴が残っているのだ。それは、「ネット上ではないローカルデータの話でしょ?」と言う人もいそうだが、それを、“ネット上に記録している可能性がある”とは考えないのだろうか。個人情報はお金になるのである。

現在、世界のインターネットは、この“じつはインターネット上に匿名性などない”を理解したうえで、本人であることを名乗り、自分が信用できると思った人とだけ、コミュニケーションを取る仕組みが流行っている。SNS(※)とは本来そういうものだし、その最王手がFacebookだが、日本ではイマイチ流行とまではいっていない。

さて、ここまで書いてきて、なんとなくインターネットの“怖さ”に触れていただけたでしょうか。というわけで、次回コラムではその危険性の具体例や対策について書く予定であります。

※SNS……ソーシャル・ネットワーキング・サービスの略。Web上で広くコミュニケーションを取ることができ、社会的なネットワークを構築できるサービスのこと。

# 「インターネットの今昔 Part.❷」

（2017年2月9日号掲載）

とりあえず、皆さんが思っている以上にインターネットは怖い。とてつもなく便利だし、その便利さは日を追うごとに増しているけれど、危険性も同時に増していると言っていい。

これだけ便利なものなのだから、もちろん使わない手はない。恐らく今後の社会では、インターネットを賢く利用できるかどうかも、個人の能力として評価されるようになる。危険だから使わない、という選択肢はなくなってしまうと思うので、どうやって危険を回避するかを考えるしかない。

まず、そもそもインターネットを利用するうえで気をつけるべきは、発信したものはすべて、“記録されている”ということだ。これは文字や文章に限らず、写真や音声、動画もすべて含まれる。個人でWebにパスワードを設定して、パスワードを交換した特定の人とのやり取りだとしても、それらはすべて記録されている。そもそも個人でインターネットサービスプロバイダ（以下、ISP）と契約し、そのISPの用意したWebサーバースペースやストレージを利用している時点で、他人のHDDにデータをアップしているのだから当然である。

もちろん、これらのデータや情報は、契約上の規約や“モラル”によって支えられている。疑い出せばキリがないと言われればそれまでだが、そのデータの管理者はデータを見ることができてしまう。もちろん、何重ものセキュリティーチェックを入れ、担当者であってもおいそれとデータは扱えない工夫もされている。しかし、裏を返せば、モラルが失われたときの対策も行われているということだ。昨今の情報漏洩報道からもわかる通り、信用しないのではなく、そうなったときの自衛をしておこう、という考えかたが安全だろう。

また、怖いな、と感じるのは、Web上にアップされた文字、文章、写真、動画などを、第三者が、“情報として無作為に蓄積している”という点である。かつてインターネット上の情報は、HDDなどのストレージが潤沢ではなかったことから、“揮発性”があった。自分で書いたWebページをWebサーバから消してしまえば、文字通りそれらは消滅させることができた。ところが、ストレージの容量と単価が驚くべき速度で安くなったことにより、安価にこれらのデータを蓄積させておくことができるようになった。

たとえば、吉田がWebページを作ろうとISPと契約し、Webページを作ったとする。3年ほど運営したのち、面倒になってデータをWebサーバから全部消したとする。これでISPのWebスペースからデータは消滅するが、この運営していた3年間は、誰でもページにアクセス可能だったので、このWebのソースやテキスト、データを“無作為に保存”することが可能だ。そして、それを行っている人たちがいる。企業だったり、もしかするとどこかの国家かもしれない。以前書いたように、情報には価値があるからである。現時点では価値のない情報かもしれないが、その個人が後に価値を持てば、結果として情報も価値を持つようになるからだ。

吉田が15年前くらいまで運営していたサイトのデータはもう復旧できないが、10年ほど前のものなら、インターネット上で容易に復元することができる。どこの誰の仕業かは知らないが、アーカイブとして残されてしまっているからだ。

「それじゃあ、防御のしようがないじゃないか」というお話になるけれど、実際そうなのだからしかたがない。また、検索だけ利用して、自分からは情報を発信しない、という手もある。しかし、現在インターネットは創作活動の場でもあるため、それを閉じてしまうのもあまりにもったいない。そこで、“どのような情報を公開するか”ということが重要になってくる。

とにかく、個人の特定につながるようなものは、できるだけ公開しないに限る。もちろん、それがWeb上の仕事であればむしろそうしなければならないが、Twitterなどは注意が必要だと思う。自分個人であればまだいいが、家族構成を赤裸々に明かしたり、職場について特定できる情報を発信してしまうと、自分だけでなく周囲の情報までネット上に公開してしまうことになる。我が子のかわいらしい写真を公開するのも危険なので、アップする前にもう一度よく考えたほうがいいのではないかと思う。顔認証や成長予測による画像認識技術も急速に発達しているので、子どもの個人情報を晒すことにもなりかねない。

以前にも簡単に書いたけれど、あと10年以内には、就職の際にインターネット上の個人情報調査が当たり前になると思う。採用しようとしている人が、どのような思想の持ち主なのか、どんな情報を発信してきたのか、面接時の発言に偽りはないのかなど、現在でもちょっとした手間をかければすぐに調査できる。対象人数が多く、企業で扱うには手間が多いため、ビジネスとしてこれを代行する会社が増えるだろう。そうなると、調査会社どうしの連携も進み、インターネット上に自分が公開してきたものは、簡単に本人と特定されてしまうと思われる。

これは脅しなどではなく、“それが当たり前になってしまう”というお話なので、あれこれ抵抗しようとしてもどうにもならない。現在の日本のインターネットは“匿名”という意識がいまだに強く、法整備が進まないために、“何をしても許される”雰囲気があるし、モラルが著しく低下していると感じる。

何をしても許される世界など存在しないので、つねづね発言には気をつけよう。いずれそれは自分に跳ね返ってくるし、すでにそういう時代に突入していると認識したほうが安全だ。僕もインターネットを使う職業なので、自戒の意味も込めて書いておくことにする。

# 「デフォルトだよね!」

（2017年2月23日号掲載）

『FFXIV』はおおむね3.5ヵ月に一度、メジャーパッチという大規模アップデートを行うことでゲームを進化させてきたけれど、その中でも“コンテンツ”とは別に、非常に力を入れてきたのが“ユーザーインターフェース（以下、UI）”のアップデート。1ユーザーがカスタマイズできるオプション数としては、ビデオゲーム史上でもっとも多いのではないかと思うほど、多岐に渡ってサポートされている（と思う）。

が、ここにきていろいろと悩みの種が出てきた。それは、「あまりにもオプション項目が多いのではないか？」ということと、“プレイを続けている人”と“最近始めた人”で、「使いこなしに差が出すぎているのではないか」ということ。たとえば、2013年8月に正式サービスしたころには、まだパーティリストの並べ替えすら自由には行えなかったが、現在ではロール順（※1）に並び替え可能なうえに、そのロールに属するジョブの優先順位すらカスタムできる。

しかしながら、初期からプレイしている人はそのコンフィグを知っていたとしても、新規の人はそんな機能があることはおろか、並び替えによって便利になることすら知らないのではないか？ そもそもマニュアルに該当しそうな、過去のパッチノート（※2）など、読み返したりはしないのだから。

さらに、「むむむ……」と思ってしまったのが、昨年末に行った

※1 ロール……パーティプレイでの役割。『FFXIV』ではタンク、ヒーラー、DPSの3種がある。
※2 パッチノート……アップデートの際に“どんなアップデートが行われたか”が記載されたもの。『FFXIV』のメジャーアップデートではだいたい12万文字くらいになる。生放送で“朗読会”も実施中（MMORPG史上初）。

ファンフェスティバル2016 in Tokyoでのこと。ファンフェスの場合、僕はステージ出演が多く、あまりフロアには出られないので、プレイヤーの方とお話しする機会が少ない。それでもなんとかフロアに出て、プレイヤーの皆さんと交流をしていたところ、「ようやく吉Pを捕まえましたが、これだけはどうしてもお願いしたいのです！」とおっしゃる方に遭遇。

「はい、なんでしょうか？」とお尋ねすると、「自分のかけたデバフ(※3)だけ見えるようにできませんか？」とのこと。このデバフ表示に関しては、2014年のアップデートからコツコツ対応してきているので、いろいろとコンフィグがある。ただ一点、申し訳ないのは、モンスター側のデバフ管理個数はネットワークの遅延が発生しないギリギリのパケットサイズである60個までという仕様になっていることで、「60個の個数制限ですか？」と聞くと、そうではないらしい。ファンフェスの貴重な時間を交流に割いていただいたのに、「すでにコンフィグがありますよ」では誠に申し訳ない……。

これは、"調べればわかる"ということではなく、そもそもの"デフォルト設定"を定義し直す必要があるのかも、と思い始める。"デフォルト"とは、コンピューター用語で"初期設定"の意味。僕もかつてプログラミングを勉強したとき、デフォルトという、"なんとなくかっこいい言い回し"を覚えた後、やたらと私生活でも使っていたのを思い出す。

「そんなのデフォルト（初期設定＝当たり前）だよね」とか「デフォでしょそれ！」とかである。文字で書くと恥ずかしいなこれ……。

※3 デバフ……プレイヤーやモンスターにかかるネガティブな効果。RPGで一般的なのは"毒"など。

ともかく、どんな便利な機能も、使ってもらえなければ開発コストのムダである。使ってもらうためには、そもそもそのような機能があることを“知ってもらう”必要がある。

そこでUIチームでは、今回パッチ3.5でプレイヤーの皆さんのログデータを拡張し、どんなコンフィグ状態でプレイしているかや、画面解像度などを調べ、数値分析をしつつ今後のアップデート計画のひとつの指針にしようという試みが行われた。

まだパッチリリースから2週間ほどのデータだが、やはりというか、当然というか、まさに“デフォルトのまま”ゲームをプレイされている方の割合が圧倒的だった。クロスホットバーのカスタマイズ率は群を抜いて高いが、それ以外のUI設定やレイアウト設定は、初期設定をそのまま使い、慣れてしまうケースがとにかく多いようだ。つまり、どんなに便利なカスタム機能を入れても、それが“最初から有効”になっていないと、機能の便利さに気づけない、ということだ。

しかし、これらのカスタム機能を、“デフォルトですべてON”にしてしまうと、別の問題が生じる。「表示が多すぎてわけがわからない」、「OFFでよかったのに、もとに戻してほしい」などである。そもそも運営中のサービスで初期値を変えるのは、とても大きなリスクだ。初期値にバグがあれば、現在快適に(だと思って)プレイしている多くの人が、一気に不便になってしまう可能性もある。

また、開発チーム内で話しているときに衝撃的だったのが、「『牙

※4『牙狼』コラボ……パッチ3.5からスタートした、特撮深夜ドラマ『牙狼<GARO>』との装備コラボ。装備はPvPコンテンツで得られる“対人戦績”で交換する。

狼』コラボ(※4)のためにフロントライン(※5)に行き始めて……おもしろいんですが、双蛇党だとなかなか勝てなくて」と言われたこと。「所属グランドカンパニー以外でマッチング申請したら？」と返したら、「え？ そんな機能ありましたっけ？」と。これは世界中からリクエストの多かった機能で、これまでは不正試合などの懸念から実装してこなかったけれど、パッチ3.5で実装となったのだが、開発チームであっても、"興味がなければ知らない"ということなのだと実感（開発も人の子なので）。

この機能はオプションで有効化することができる。つまりデフォルトはOFF。しかし、これをONにしておけば、知らなくても所属以外のグランドカンパニーで戦うことができ、不思議に思ったら調べる、という行動に移せる。最悪、調べなくても問題はない。単純に、「これまでをデフォルトにし、便利機能はご自身でONしてください」というだけではダメだというよい例である。

「UIカスタム専用の本を出版しよう」とか「Webに困ったときや便利にしたいときマニュアルを作ろう」とか、いくつか案はあるものの、やはり"自発的に調べる"という1歩目が受け身すぎる。やはり、デフォルトを見直す時期に来ているのかなと強く感じる今日このごろ。

「やっぱりデフォルトは大事なんだよ。それをデフォな考えかたにしないとダメだね」と、文字にするとわけのわからない、滑稽にも思える会話をしつつ、『FFⅩⅣ』のサービスは今日も続いていくのであった……。

---

※5 フロントライン……最大24×3勢力で戦うPvPコンテンツ。これまでは、自身が所属する双蛇党/黒渦団/不滅隊のいずれかで参加するルールだったが、所属に関係なくマッチングする機能が実装された。

# 「リスクとリターン」

（2017年3月9日号掲載）

正直なところ、ゲーム開発者はもっとお金（給与）をもらっていいのではないか、と僕は思っている。僕自身はかなりもらっているほうなので、その点に不満はない。念のため。

コンソールゲーム開発者の平均給与は、1990年代後半に比べると飛躍的に向上した。これは間違いない。一般企業における年齢対比の給与水準に、しっかりと追いついたと思う。むしろ、いまではゲーム業界のほうが少し高いかもしれない。こう書くと、「なんだ、もらってるじゃん」と感じるかもしれないが、そんなことはない。働きかたと業務リスクに対して、いまだに報酬額の基準や制度のバランスが取れているとは言い難い。

「急にお金を与えすぎると、向上心がなくなり、怠けてしまうのではないか」ということを恐れている人がいる。そんなことをするくらいなら、毎年少しずつ給与のベースをしっかり上昇させ、“一般企業と比べて”、“遜色のない給与水準にする”、ということを優先しているようだ。自分たちの業界を、“地位の低い業界”といまだに感じているのかもしれない。自分たちでそう思っている限り、ゲーム業界の地位はこれ以上向上しないのに。

さて、会社としては、けっこうな水準でお給料を払っている感覚でいる。平均すると確かにそう見える。一方、それを開発現場がどう感じているのか……。これまでも何度かコラムで書いてきた通り、家庭用ゲーム機専用のゲームを開発するのは、ものすごく大きなリスクを背負う。莫大な開発資金と、長期化しやすい開発期間。ただ、それは、"働いている側のリスクでもある"ことを、会社は認識しているだろうか。

いまのコンソールゲームの開発期間は長すぎる。平気で年単位に及ぶし、大作になると3年くらい吹き飛ぶこともザラだ。正直言って、ふつうじゃない。ゲームを2本作るあいだに、小学生だった息子が、気づいたら中学を卒業していた、なんて、あるある話すぎてリアクションに困るレベルだ。しかも、作ったこの2本のゲームがヒットしてくれればいいが、泣かず飛ばずだった場合の喪失感は相当なものになる。

この間の給与は、前述した通り"年々微々たる上昇"を続けていく。会社はこれを、"社員に対して安定を供給している"と認識しているようだ。だが、大きく出世するには、「結果が必要だ」とも会社はよく言う。もちろん、ボーナスで大きく稼ぎたい場合も、やはり"結果"が大切だと。しかし、結果にこだわりたくても、ゲームが発売されなければその主張もできない。プロジェクト責任者に問題があった場合、企画が2転3転して、開発がまったく進まない、なんて話も珍しくないし、2年開発した挙句、開発中止になったなんて日には、そもそも結果すら出せない。これは開発の最前線で働く人間にとって、つねに"人生のリスク"として発生している。

この家庭用ゲームのスケールアップにともなう、"長期化"や"肥大化"は、さらに"技術の硬直化"という問題も生む。同じゲームを開発し続ける場合、その開発に使う技術は、開発初期では最先端だったとしても、開発終了時には陳腐化していることも多い。開発中に技術更新するようなリスクは滅多に犯さないので、その開発に従事するスタッフの技術レベルもいったんそこで頭を揃えられてしまう。苦しんで、苦しんで、苦しみの果てに、ついにプロジェクトが仕上がり、ゲームが発売されたころには、自分のエンジニアとしてのスキルが死んでいた、なんてこともありうるわけだ。

僕が担当している『FFXIV』では、これらのリスクに、さらに“運営”という要素が加わっている。細かく書くとキリがないけれど、やはりテクノロジーや開発パイプラインは固定化され、効率化が優先される。“経験”はたくさん積めるが、“挑戦”からは遠のいていく。そう見えないようにがんばって工夫しているものの、『FFXIV』のグラフィックスパイプラインは、先端から数えるとすでに2世代前のものである。

ゲームの発売やオンラインゲームの安定運営は、莫大な利益を会社にもたらす。ぶっちゃけ、皆さんが思っている以上に、巨大な利益だったりもする。僕は経営サイドでもあるので、その額を知っている。ゲームの規模は大きく、ゲームはたくさんの人の努力と地道な開発で成り立っているので、彼らが開発から抜けてしまうと、利益に対してのダメージは計り知れない。もう少し、利益と投資のバランスを考え直さないと、誰も働かない業界になってしまうのではないか、とさえ思う。

ゲーム開発者の場合、ベースの給料を毎年大きく上げる必要はない、と僕は思っている。変動したって微々たるものだし、階段式でいいと思っている。その代わり、ボーナスや賞与、期末手当といった“特別報酬”の比率を、いまよりも数倍大きくしたい。大きな利益が出たのなら、その3%くらいは開発従事者に割り戻してはいかがだろうか。

たとえば、僕の部門で年度100億円の営業利益を出したとして、その3%で3億円。200人で割るとひとり150万円。そんなものである。これを原資にして、貢献度の高い人には数百万、低ければ0を割り振る。この報酬制度のほうが、間違いなくやる気は出る。むしろ、そうでなければ、開発上位層以外の開発者にとって、日本市場で長くゲーム運営に従事することは、人生へのリスクが高すぎると思う。

成果が出ない年、投資の年には払わなければいいのだし、いまのゲーム開発には、間違いなくこの方法のほうが向いている。とくにいまの若い世代は、「お給料をもらったぶん、がんばる」の意識のほうが強いように見受けられる。そしてそれは、当然の考えかただとも思う。たくさんお金をもらえるのなら、そのぶんだけつぎもがんばるだろうし、つぎもたくさんもらいたいから、がんばれるようになる。そもそも“安定”を求めるなら、ゲーム業界には就職していない気もする。

ソーシャルゲームのビジネスが当たり前となり、それらで台頭してきた会社は、開発者に対して利益分配の意識が強い。そのぶんだけ、終身雇用という意識が低い。この点は、どちらがよいのか、答えが出にくい。一度でも終身雇用制度を採り入れてしまえば、後戻りできないからだ。ただし、若い世代にウケるのは、前者のほうだろう。

ゲームバブル期、会社は一部のクリエイターと呼ばれる人たちに、いまでは考えられないくらいの待遇をした。“信じられない金額の決裁権”を渡したのが最大の失態だったと思う。接待費として、会社のお金を湯水のように使う人が続出した。あれが、自分のお金なら、あそこまでタガは外れなかったのではないかな……。あれは、もう特異な失敗例だと思ったほうがいい。

ハングリー精神をなくすとダメになる、などの思い込み感覚論はやめていただきたいな、と思うのである。信じられないかもしれないが、ゲーム会社においても、このような考えを持つ人はまだまだ多い。いずれにせよ、もっとスタッフに給料を払ってあげたい。期末になると、毎回そう思って制度と戦っている。リターンがあれば、リスクも楽しめるし、ゲームを作っているのだから、それくらいの夢は見たいものである。

# 「見積もりの精度とやさしさの関係性について考察した結果」(2017年3月23日号掲載)

『FFXIV』はMMORPGなので、開発だけでなく運営が続いていく。拡張パッケージの開発は約2年に一度(いまのところ)で、通常のメジャーパッチリリースは3ヵ月半に一度というのが目標なので、スケジュールにはとても敏感である。僕も開発チームも運営チームも、つねにスケジュールに追われた生活と言っても過言ではない。そう、まったく過言ではない。

“スケジュールを守る”、というのは結果であり目標なので、日付や期間自体はこの際あまり重要ではなく、リリース日に向かって“どのように開発するか”とか“どのようなペースで仕事を進めるか”、あるいは“進捗をどのように管理するか”などのほうがよほど大切だと思う。しかし、これがまたとても難しい。

スケジュールを一定ペースで維持するためには、“作業の見積もり”が欠かせない。欠かせないどころか、各担当者がそれぞれの作業に対して、

**❖その作業を終わらせるために❖**

**❶どれくらいの期間が必要となるのか**
**❷どのような資料やテクノロジーが必要になるのか**
**❸どんな人の協力が必要なのか**
**❹ほかの人の作業進行によって影響を受けるのか**

などを考えてくれないと、全体進行管理ができず、スケジュール

は事実上ないに等しくなってしまう。「なんとなくこれくらいの時期に完成します」ではお話にならないし、そもそもその、“なんとなくこれくらいの時期”とは、いったい何を根拠にそう思うのか、信用がならない。

“新生”開発時の『FFXIV』開発チームは“最速タスク完了必要時間（MIN）”と“最大タスク完了必要時間（MAX）”をそれぞれ自己申告してもらい、その平均時間を基本とする“2点見積もり”を採用していた。「めちゃくちゃ順調にいけばこの時間で終わるぜ！」という最速時間と、「この時間以上にかかったら恥ずかしくて死にたくなっちゃう」という最大時間。これをすることで、「仮に全員がMAX見積もりになってしまったとしても、この時期には終わる」という計算が成り立つので、安全性が高い。

ほとんどの見積もりが、MINとMAXの中間に落ち着くため、精度の高い管理方法だとも言える。しかも、タスクを片付けていくにつれ、個人の傾向というものが見えてくるので、それを予測値として掛け戻すこともできる。

「あ、この人のMIN予測は甘いな。いつも中間よりもMAX寄りにタスク完了するね」とか、「この人は慎重派で、そもそもMAXの値が慎重すぎて、結果が毎回MINに寄るな」などなど……。2点見積りに結果の値を累積していくことで、精度がさらに増すことになる。

ここまではタスク管理のシステムなので、導入すればある程度の成果が出る。しかし、それと同時に大きな落とし穴の存在をより強く感じるようになる。先のリストで示した"❹"にあたる、"他人のタスク進捗が、自身のタスク進行に与える影響度"が、どうやっても測れないことに気付く。"後続タスク玉突き事故"である。

僕とコラム担当者であるファミ通のオポネさんの関係を例にとってみよう。僕はコラムの作業見積もりを、MIN1時間半、MAX4時間と見積もっている。事実、書き始めてさえしまえば、どんなにネタに困っていたとしても、4時間あれば書き上がる。ところが、飛行機に乗らなければならないとか、日曜の深夜に『FFXIV』を遊びすぎたりすると、書き始めるタイミングがズレてしまう。

日曜深夜に遊びすぎ、月曜まで原稿を放置して会社に行くと、当然ながら会議が山ほど積まれていて、デスクに座ってコラムを書くことができない。作業自体は平均2時間程度で終わるはずが、いつまで経っても原稿と向き合えないため、"完成時間"がどんどん後ろに移動していく。コラム原稿を書き上げたのが、日付が変わる前の月曜深夜23時半だったとしても、ほとんどの人が退社しているため、スクウェア・エニックス社内の原稿チェックが進まない。こうなると全員が就寝している時間、稼働はすべて停止し、原稿がオポネさんに届くのは火曜の朝になってしまう。

もちろん、オポネさんだって僕と同じように、受け取った原稿を誌面に構成するという作業を抱えている。オポネさんはこの構成作業をMIN1時間、MAX2時間と見積もっていたとしても、全誌面の校了期限が火曜の正午だった場合、猛烈な速度でこれを終わらせなければならなくなる。さらに、ほかの作業を予定していた場合、それを中止して、原稿作業を優先することになり、オポネさんの作業を待っていたほかのスタッフは、僕の原稿遅れのとばっちりを受け、どこかで帳尻を合わせなくてはならなくなる。

細かくタスクを管理し、パズルをすればするほど、“他人のタスク進捗による、自分のタスク管理への影響”が、大きな歪みとなって跳ね返ってくる。けっきょく、全員が意識的に、“早く作業に取り掛かり、申告した時間内で業務を終わらせること”をくり返すしかない。

ここで重要なのは、何も必死に働け、ということではない（なくはないけれど）。自分の見積もり精度の甘さは、貴重な“他人の時間を奪うことにつながる”、という認識を持つことだと思う。見積もりは早い時間を申告すればいい、というのも大きな間違い。それをベースに計画が組まれた場合、見積もりが甘く、遅延が頻発してしまい、けっきょくほかの人の時間を奪ってしまう。

だから見積もりをする際には、純粋な作業時間だけでなく、自分のサボり癖や、ダラけ、突発的な仕事の割り込みなどを見越して正直に考え、ゆとりを持つ必要がある。そうすれば、“作業の消化に対して、思った以上に時間がかかる”という認識が生まれ、そのぶんだけ早く作業に取り掛かろうとするからだ。

世の中、とにかくこれができない人が多い。「あ、これくらいすぐ終わる」というアレである。作業すれば終わるのかもしれないが、そもそも作業に取り掛からない。しかも、この類のタスクを細かく抱え込まれると、後に周囲の人の時間を恐ろしいほど吸い取っていく。「どうせそれぞれ短時間で終わるから、明日一気にやろう」と考える。短時間で終わるなら、さっさといま終わらせなさい、と思う。明日になって、突発の割り込み仕事が発生した場合、すべてのスケジュールがスリップし、さらに多くの人の時間を奪うことになるのである。

「あ、ヤバい、俺に当てはまる!!」と思った方は、このひどい仕打ちに、ぜひとも気づいてもらいたい。見積もりの精度を上げ、その通りにそれを守るという行為は、人にやさしくすることと同義だと思う。かくいう僕も、この原稿を書いているいま、猛烈に反省している。

現在時刻は22時20分。しかも月曜の、だ。もう日曜の夜中に『FFXIV』をプレイして楽しくなっちゃうのは控えよう！ という、これは巨大ブーメランのような反省文(オポネさん、許してください……)。

(菊池より:あ、ヤバい、俺に当てはまる!!)

# 「やるだけムダとは、やりきれていない証拠では?」
(2017年4月6日号掲載)

前回のコラムで、"作業見積もりの精度"は人に対しての"やさしさ"に関係する、ということを書いたので、今回はもう少し押し進めて、"そもそも見積もりの精度を上げるにはどうすればいいのか"に踏み込んでみようと思う。

僕は、このファミ通さんのコラムを書き上げる作業時間を最少1時間半、最大4時間と見積もっている。コラムは今回で81回目なので、さすがに経験則もあって、見積もりはほぼ正確だ。ところが、これが"初めて取り掛かる作業"だと、こんなにうまく見積もれなかったりする。皆さんにも経験があるはずで、いざ作業を始めてみると、「思った以上に時間がかかってしまった」というアレである。

このコラムも連載間もないころは、「きっとササッと書き上がるよね!」というわけで最少作業時間を1時間に、「さすがに2時間以上はかけられんよな」という意識が働いて最大作業時間を2時間で見積もったりしてしまった。結果的に、そんなに簡単に作業は終わらなかったのである。

では、予測をしたうえで実際に作業をし、かかった作業時間を結果としてフィードバックする以外に、見積もりの精度を上げる方法はないものだろうか……。

そんなときにお勧めしたいのが"タスク分解"を徹底すること。

タスク分解とは、文字通り、"ひとつに見えていた作業を複数の作業に分割する"という意味になる。では、コラム執筆を例に挙げて、タスクを分割してみよう。ひとまず、極限まで細かく分割する。

**タスクタイトル:コラムの執筆**(平均2500文字)

**❖タスク分解によって6タスクに分割❖**

**❶PCの電源を入れてコラムの原稿ファイルを開く**
**(SSDなので起動が早い。1分～3分)**
**❷コラムのネタを考える時間**
**(ネタがあれば最少2分～ネタ考案から最大15分)**
**❸平均2500文字を書き上げる**
**(分間41.66文字で1時間、分間13.8文字で3時間)**
**❹コラムタイトルを考える時間(3分～10分)**
**❺全体文章を校正する時間(5分～30分)**
**❻途中で休憩する時間(0分～30分)**

さて、こうして見てみると"コラムを執筆する"という1タスクが、じつは6つのタスクから構成されているのだな、とわかる(定義する、のほうが正しいかも)。このタスク分解は、「いやいや、やりすぎでしょうこれは」と思うくらいまで分解するといい。さて、単純に上記の6タスクの最少作業時間と、最大作業時間を合計してみましょう。

全項目を合算した最少作業時間は、見積もり上1時間11分。最大作業時間の見積もりは4時間28分となる。タスク分解のいいところは、分解しているうちに客観的になれるところだと思う。たとえば、平均2500文字を書くというタスクは、コラムの内容に関わらず、必ず固定で発生するタスクと見なせる。つまり、機械的だろうが、悩み抜いた末だろうが、キーボードを叩いて平均2500文字を出力をする必要がある。そう考えていくと、「あれ、2500文字をタイピングするのに、どれくらい時間がかかるんだっけ？」という客観視が働き、文字数を時間で割り算して"数値による視覚化"が可能になる。「こんなもんかな」という感覚頼りではなく、「これだけの時間が必要だ」と明確化できる。

2500文字を60分で割り算すると、1分間に41.66文字を書かないと2500文字に到達しないと気づく。秒に直すと約0.7文字。4秒間で約3文字書く必要がある。このように数値化してみると、思考して文章を書くのが苦手である、もしくはPCでのタイピングが遅いといった場合、人によっては、"そもそも2500文字を1時間で書くことができない"かもしれない。

作業見積もりを"コラムの執筆"というざっくりとした大きな1タスクと考えたときと、タスク分解をして作業項目を細かく分け、それぞれに時間の見積もりをした場合、当然ながら後者のほうが見積もりは正確になる。ところが、この当然が意外とできていないように思う。そもそも1タスクが複数のタスクで構成されている、と考えていない。僕は上記で例に挙げたタスク分解のうち、❷❺❻というタスクを見逃していたため、コラム執筆初期の見積もりが甘くなってしまった。

❷のタスク。コラムはネタがあったとしても、書き出す前にざっと全体構成をイメージする時間が必要だし、ネタがなければ考えるしかない。パッと出てこないものは、書いたとしてもあまりおもしろくならないので、むしろ“15分で思いつくものを”ということで最長15分にしている。

❺のタスク。僕は一気に文章を書いて、後で校正するタイプではなく、書きながらそもそも校正していることが多い。スラスラ書けるときは、この校正コストがほとんど発生していないと自覚できるので、場合によっては❸の執筆コスト側に含めてしまうことができる。

そして❻のタスク。これがいわゆる“ダラけ”や“サボり”にあたる。集中して咥えタバコで一気に書き上げるときなどは、まったくサボらないことがあるものの、たいていは500文字くらい書いてはダラっとし、裏に起動してある『FFⅩⅣ』でチャットに参加したりと、ダラダラしてしまう。

さて、上記の❻をタスクと呼べるかどうかは怪しいけれど、実際に“見積もっておいたほうがいい時間”であることはおわかりいただけたかな、と思う。ここで上司に褒められたいのか、「いやいや、サボり時間を見積もりに入れるとかダメでしょう！　ボクはビシッと終わらせるので、こんなタスク必要ありません！」という人がたまにいる。そんなことでは褒めないし、隙間と余裕のないタスク見積もりは間違いなく破たんするので、肩の力を抜けと言いたい。予定通りに仕事が終わったときこそ、褒められるべきだと思う。

この❻のようなタスクは、"使わなかったのなら、それはそれで作業が前倒しになった"と考えることもできる。もしくは、誰かに急なタスクを振られてしまった場合、"時間の保険"として使うこともできる。ダラけたり、サボったりする時間を見積もる、これらを想定しておく、というのは確かによくは聞こえないかもしれない。また、この時間をやたらとたくさん見積もるのも、それは本当にサボっているだけだろう、と思う。しかし、隙間なく埋めたタスクと見積もりは、ほんの少しの要因で簡単に破たんする。

そして、スケジュールの破たんをくり返すうちに、その人は、「見積もりなんてやってもムダ!」という思考になっていく。どうせうまくいかないから、やるだけムダだ、と。しかし、これは言い訳だと思う。見積もりは決してムダではないし、そもそも破たんしたのは見積もりが甘かったせいだ。1回破たんしたとしても、その要因をキチンと修正すれば、見積もり精度はつねに上がる。こういった発言をする人は、見積もりのしかたを間違えているか、単に見積もりを面倒に思っているかのいずれか、もしくは両方なのかな……。そんな人はけっこう多い気がするけれど、だまされたと思って、もう1回だけ徹底見積もりしてみませんか(ニッコリ)。

# 「贅沢とムダの価値」

（2017年4月20日号掲載）

スノーボードを始めて20年くらいになる。途中に仕事上の都合で大きなブランクがあり、それを差し引くと12〜13年。今年も、というか今季も、スノーボードシーズンがクローズに近づいている。スノーボードは、吉田の数少ない趣味のひとつなので、毎年この時期は寂しい思いに駆られてしまう。もちろん、5月下旬くらいまで滑れる山もあるので、いますぐにクローズするわけではないけれど、今年は『紅蓮のリベレーター』のマスターアップを抱えており、さすがに日帰りでも5月はきびしいだろうな……、という感覚なのだ。

世間一般的にスノーボードと聞くと、「お金と時間がかかりそうな趣味だなあ」と感じられるらしい。事実、ウェアから板まで自分で用意しようとなると、10万円くらいはかかるだろうし、滑りに行ける期間も限られる。さらに、遠方まで出掛けることになるので、移動時間も費用も上乗せされ、当人がどう思うかは別として、一般的には確かに“贅沢に感じられる”趣味なのかもしれない。

このスノーボードの初期投資は、“その後、購入したウェアとボード一式を使い何回滑りに行くかわからない”ということも、“高い”という印象を後押ししていて、月額課金制のオンラインゲームの料金が、“高い”と感じるのと似ている。“来月どれくらい遊べるか確定していないのに、先にお金を払わなくてはいけない”という感覚。これらの料金は一度払ってしまえば固定になるため、スノーボードの初期投資は、たとえば10回滑りに行けば1回当たりの費用としては10分の1となるし、オンラインゲームの場合は、月50時間プレイしたとすれば時間当たり50分の1が単価となる。

ここまで計算すれば、「なんだ、意外と安いじゃん」という人も出てくるのだが、実際にやってみるまで、その感覚になり難いのが実情だと思う。

吉田はどんなに忙しい年でも、年間10本～20本は滑りに行く。吉田の場合、ウェアはおおむね3～4年で買い替える。スノーボードはスキーに比べると、ウェアのデザイン性や流行変化が早いので、買い替え頻度が高い。そんなことを気にしなければ、間違いなく10年は着られるくらい、現代のウェアは機能も耐性も高くなっているけれど。

こう考えると、ウェアの先行出費が50000円だとしても、そのウェアで50回くらいは滑ることになり、1回のウェア代は1000円にまで下がる。うん、やっぱりこう考えると安い。1480円/月の『FFXIV』の場合、週に2～3日、平均2.5時間プレイすると考えると月トータル30時間。1時間当たり49.33円。週末もう少しプレイするから、ということで月のプレイが50時間になると、約30円/時間となる。

吉田がスノーボードに行く場合、ほとんどが日帰りの強行軍。これは時間がないから、というのも大きな理由だけれど、「日帰りでも行ける」という意識付けのためでもある。趣味とはいえ、やはり“疲れる”とか“面倒くさい”という意識が働いてしまうので、

「なあに、日帰りでいけるじゃん」という感覚を持っていないと、ついついサボってしまうためだ。

日帰りの場合、起床は午前5時。思い立ったらいつでも出発できるように、滑り終わって帰宅後、ウェアや小物を干し、それをしまう際には、すでにつぎに行くときの準備をしておくようにしている。だから、目を覚まして着替え、顔を洗えば即出発できる。吉田はクルマの運転が大好きなので、滑りに行く際は必ずクルマを出す。2台所有しているうちの1台はスタッドレスタイヤを履き、スノーキャリアを取り付けてあるので、給油さえしてあれば家を飛び出せる。

改めてこの準備を文字にすると、「面倒なことしてるな」と思うけれど、クルマの準備だってシーズン前に1回してしまえば、あとはシーズン終了までそのままだ。ガソリン代とタイヤ台も費用として計上されるけれど、タイヤはやはり行く回数で費用対効果が変わるし、ガソリンはまあ、足代と思うしかない。長距離でも7.5キロ/1リットルくらいしか走らない極悪燃費のクルマだけど……。

僕はスノーボードに行くとき、ひとりが多い。いっしょに行っても、せいぜいふたりか3人。そうなると足代を割り勘する母数が減るので、この点だけ費用対効果が悪い。しかし、クルマの運転自体も趣味と考えると、これも割り切れるし、そもそもクルマを所持しているのだから、走行しないとクルマの減価償却にならない。

吉田はこの数年、"カービング"というターンをひたすら練習している。スノーボードと聞くと、飛んだり跳ねたり回ったり、というトリックを想像する人も多いけれど、僕はただひたすらターンの精度を上げるために滑っている。カービングターンというのは、スノーボードの板の両サイドにある"エッジ"を使ったターンのこと。スノーボードの板は幅広だけれど、ほとんどソールは使わずエッジだけで滑る。このカービングでエッジに乗り続けることは本当に難しく、体重移動や姿勢によって、あっという間に"乗れなく"なる。

早朝9時半くらいにゲレンデに出て、リフトに乗り、まだ人のまばらな山頂に到達してコースを見渡すと、嫌なことはすべて吹き飛ぶ。そこからひたすらにカービングターンをして、またリフトに乗り、またターンを続けて……のくり返し。昼食を挟んでゲレンデクローズの午後4時半ごろまで、黙々と滑る。滑走中に考えているのは、"いま、エッジに乗れているかどうか"ということのみ。エッジが深く雪を噛み、ゲレンデのバーンを切り裂いてターンできたときは、その感覚が足から全身に伝わり、鳥肌が立つほど気持ちがいい。

ゲームも同じだと思うことが多い。もちろん、プレイスタイルは人それぞれだから、ゲームがうまいか下手かは価値とは無関係。でも、ゲームも突き詰めた先には、突き詰めたなりの快感やおもしろさがあるとも思う。目標を定め、反復練習をして、改善点を見つけては修正していく。うまくなればなるほど、より高度な改善点が見つかり、今度はなかなかそれが修正できなくなる。でも、だからこそやり甲斐があるのだろうし、続けるモチベーションにもなる。

なぜこんなことを書いているかというと、とあるスタッフに、「スノーボードは、贅沢な趣味ですね」と言われたからだ。「あなたには贅沢かもしれないけれど、僕には贅沢じゃない」と返したが、それは“金銭的な意味”として取られたような気がする。そうではなく、投資した費用を、楽しんでいる時間で割り算した場合、贅沢にはならないし、得る物も大きい、と言いたかったのがこのコラム。「ゲームなんてするだけムダ」という人には、「あなたにはムダかもしれないけれど、僕にはムダじゃない」と答えたい。「ほっといてくれ」でも可。

今年は、ついにプロスノーボーダーによるプライベートレッスンを受けた。費用は12000円だったが、いままで漠然としていた修正点が非常に明確になり、滑る際の意識がクリアーになった。まだまだうまくなれる余地がある、とわかったことがうれしい。だから、間もなくシーズンが終了してしまうのが、とても寂しい。早くつぎの冬、来ないかな……。

# 「メガネ進化論」

（2017年5月4日号掲載）

じつは吉田はかなり目が悪い。目つきの話ではない。目つきが悪いのも認めるけれど、視力がかなり低い。最近の視力検査は、上はせいぜい1.5まで、下は0.1までしか測らないようなので、数値は数年前のものになるが、最後に正確に測ってもらったときの結果は0.02以下であった。

吉田が小学生だったころは、2.0以上まで測定してくれていたので、学校で行われる身体測定で2.0を叩き出したときは、ちょっとしたクラスのヒーローになれた。べつに視力が高いからといって、透視能力を発揮するわけではないので、そこまで喜ぶことか、といまでは冷静になってしまうが、当時はそうだったのだ。クルマの免許更新にしても、健康診断にしても、いまでは1.0くらいまでしか測ってくれないので、それがちょっとさみしい。

僕の視力が一気に悪くなったのは中学2年生のころ。当時、僕はあまり家に寄りつかない悪い子どもだったけれど、なぜだか小説に夢中になっていて、ひと晩に1冊ミステリを読まないと眠れないくらいの読書中毒だった。部屋を薄暗くして読む海外古典ミステリは、修学旅行で同級生の女子の部屋に遊びに行くくらいドキドキしたので（誇張表現）、病み付きになってしまった。結果、約1年で視力が急激に低下。あっという間に視力は0.3くらいまで落ちた。それ以降も視力の低下は止まらず、母方の親戚は皆、目が悪かったので、どうやら遺伝だったようだ。

僕はとにかくメガネが大嫌いで、学校でもテスト前の数日間のみ、試験の“ヤマ”を張るときくらいしかメガネをかけなかった。僕が学生だったころは、メガネをかけている子は少なく、メガネをかけている＝真面目なヤツ、というレッテルを貼られてしまう時代だった。いまでは、「そんなバカな」と思うかもしれないが、当時は本当にそうだったのだから始末に負えない。僕は奥ゆかしく不真面目だったので、どうしても真面目と思われる屈辱に耐えられず、出掛けるときもスポーツをするときも、つねに裸眼でなんとか過ごしていた。唯一、自室でゲームをするときだけ、メガネをかけていた気がする。

吉田が高校生になるころには、少しずつコンタクトレンズが一般的になり始めた。かなり高額だったものの、じつはコンタクトレンズに相当憧れていた。裸眼に近い状態で、視力が回復するなんて、夢のような話だと思った。ところが原理を詳しく調べて驚く。眼球そのものにレンズを取り付けるなんて恐ろしい行為、できるわけがない。そもそも僕は、目薬すらふつうにさすことができないのだから。

目薬をさすときには固く目をつむり、閉じた上下のまぶたのあいだに目薬を落とす。1滴や2滴ではまったく足りないので、とりあえず流れ落ちるくらいまぶたに振りかける。そろそろいいかな、と思ったところで、高速に瞬きを行って目薬を迎え入れる。目薬のほとんどは目に入らず、頬を流れ落ちていくけれどなんとかなる。僕はこれ以外の方法で目薬をさせない。

そんなナイーブな一面を持つため、けっきょく僕はいままで一度もコンタクトレンズを使ったことがない。スクウェア・エニックスに入社した2004年には、角膜にレーザーを当てて視力を矯正する“レーシック”なるものも登場したが、そんな恐ろしいことできるわけもなく、しかたがないので、いまも仕事をするときだけはメガネをかけるようにしている。

どうしてこんなことをダラダラと書いているのかと言うと、最近メガネを買い替えたからだ。じつはこの数年、僕の目はさらに視力が落ちているらしく、メガネを買い替えても1年くらいで合わなくなってしまう。僕は極度の近視でかつ、乱視もかなり強い。正直、メガネをかけないと、目の前30センチくらい先のモニターに書かれた文字すら読めない。

三つ子の魂百まで、とはよく言ったもので、僕はいまだにメガネが似合わないと思っているし、人前では極力メガネをかけたくない。プロデューサーレターLIVEなどライブストリーミングを行う際も、やたらとメガネをかけたり外したりするのはそのせいだ。最近は疲れが顔に出るため、アシスタントに、「メガネをかけると若干マシに見えるので、かけたほうがいいです」とまで言われるが、それでも嫌なものは嫌だ。

唯一気楽に装着できるのはサングラスで、度入りのサングラスを愛用している。向こう側から目が見えないので、人相が一気に変わって見えるのもすばらしい。だから、ふだん歩くときも、クルマに乗るときも、ほとんどが度入りのサングラス。夜にクルマの運転をするときだけ、ふつうのメガネに変えるけれど、夜道を歩くときはそのままサングラスだ。おかげさまで、警察官に職務質問される機会が多い。人生勉強にもなる。

それにしてもメガネは安くなったな、と思う。10年くらい前は、メガネを買い替えようとしたら数万円は当たり前だったのに、いまでは街のいたるところにメガネショップがあり、5000円くらいで気軽に買える。お店のうたい文句も、「メガネはファッションの一部。気分に合わせて着替えましょう」などと言っている。僕の先日購入したメガネは、7800円だった。薄型レンズでこの値段なので、ちょっと驚いた。

メガネが安くなった原因は、生産性の向上ももちろんあるだろうけれど、やはりニーズが増えて、量産効率が上がったことが大きい。僕が小学生のころ、メガネをかけている子はクラスにひとりか、せいぜいふたりくらいしかいなかった。ところが、いまでは僕のまわりでも3人にひとりくらいはメガネをかけているので、それだけみんな視力が落ちる傾向にあるらしい。人類はこの程度の短期間で、進化したり退化したりはしないので、生活環境によってここまで視力平均が変わるのだということにも驚きがある。

悲しいことに、僕も歳を重ね、近視と乱視に加え、ついに老眼が始まってしまった。スマートフォンの文字がよく見えない。さすがに、手にしたスマートフォンを遠ざけて見るなど、「あ、あの人は老眼だな」とひと目でわかるような行動は慎むようにしているが、それもそのうち諦める日が来るのかもしれない。

いまは『FFXIV』次期拡張パッケージである『紅蓮のリベレーター』のコンテンツチェック真っ最中。やたらと目が疲れる。いっそのこと、清水の舞台から飛び降りる覚悟で、レーシック手術を受けてみようかな、とも思ったが、モニターのすぐ脇に置いてある疲れ目用の目薬を、“ふつうに”させるようになるのが先だよなぁ……。

# 「テレビドラマ『光のお父さん』スクエニ視点秘話 Part.❶」（2017年5月25日号掲載）

MBS/TBS系列で『FFⅩⅣ』を題材とした、実話テレビドラマ『ファイナルファンタジーⅩⅣ 光のお父さん』（以下、『光のお父さん』）の放映が始まった。幸いなことに、非常に大きな反響と、『FFⅩⅣ』を知っている人はもちろんのこと、『FFⅩⅣ』をプレイしていない人からも、「とにかくおもしろい！」、「テレビドラマとしてめっちゃおもしろい！」と、ご好評の声をたくさんいただいているので、ホッとしているところです。

ファミ通本誌やファミ通.comにも取り上げていただいたので、本誌読者の皆さんには、ある程度予備知識があるかもしれません。このドラマは、"一撃確殺SS日記"（※1）という一般のプレイヤーさんが運営しているWebサイトで、約1年に渡って連載された"実話"をもとに作られたものです。

原作者は『旧FFⅩⅣ』から熱心にプレイを続けてくださっているマイディーさんという方。『FFⅩⅣ』だけでなく、オンラインゲームと『ガンダム』をこよなく愛する（ほかにも趣味多数）、属性的には吉田にそっくりな人（笑）。

そんなマイディーさんは、『FFⅩⅣ』で始まった"友達紹介キャンペーン"のふたり乗りチョコボ欲しさに、なんとゲーマーである実の父を『FFⅩⅣ』に誘います。しかも、自分も現役『FFⅩⅣ』プレイヤーである、ということを隠してゲーム内の父親と友だちになり、ともに冒険をしていく……。現実世界で疎遠になっていた父との

※1 一撃確殺SS日記……マイディーさんが運営する、オンラインゲーム全般と幅広いジャンルの趣味を扱うブログ。欠かさず毎日更新され、ブログタイトルの通り、必ずSS（スクリーンショット）か写真がある。『光のお父さん』以外にも"独身万歳！"と"ナナモ様と女子会"が吉田のお気に入り。
**http://sumimarudan.blog7.fc2.com/**

関係を取り戻し、親孝行できるのではないか？ と考えた、これが“光のお父さん計画”。『FFXIV』の世界でプレイヤーは“光の戦士”と呼ばれることから、それに引っ掛け、“お父さんが光の戦士になる、つまり光のお父さんとなる！”というわけですね。マイディーさんたちの涙ぐましいフォローもあり、光のお父さんはオンラインゲーム初心者“あるある”をつぎつぎと乗り越え成長していくのですが……。続きはぜひ、ブログや書籍、ドラマでご確認を。

この『光のお父さん』がドラマ化されるまでのいきさつは、同ブログの別シリーズである“光のぴぃさん”に詳しく描かれているので、ご一読をおススメします。原作者のマイディーさん、そしてドラマ化の企画を立て、実現に向けて走り続けた“ぴぃさん”の実話物語。これまた本編に負けないおもしろさです。

さて、ちょっと前置きが長くなりましたが、そんな『光のお父さん』のドラマ化において、『FFXIV』を開発/運営している僕やスクウェア・エニックス側はどう感じ、どのように対応したのかについて、何回かに分けてコラムに書いてみようと思います。

光のぴぃさんでも語られていますが、僕とスクウェア・エニックスが“『光のお父さん』ドラマ化提案”を受けたのは、2015年の暮れも押し迫った12月のことでした。スクウェア・エニックス大代表への電話から、『FFXIV』の宣伝担当へと話が伝わり、毎週水曜と金曜に行っている『FFXIV』マーケティング/PR会議(※2)にて吉田の知るところとなりました。

---

※2 『FFXIV』マーケティング/PR会議……毎週水曜と金曜に吉田のブースで行われる『FFXIV』の定例会議。“い・ろ・は・すコラボ”の企画やCMのコンテ確認、海外施策の確認、公開する宣伝素材のチェックなどなど、とにかく確認させられまくりになる。即断即決しないと終わらない。通称“吉田定例”。

僕はそもそもマイディーさんのブログを、『旧FFXIV』の全権を引き継いだ2010年12月から拝見していたので、当然、『光のお父さん』も第1話から最終話までリアルタイムで読みました。いち読者としても、オンラインゲーマーとしても、『FFXIV』のプロデューサー兼ディレクターとしても、全方位で楽しめていたので、この“テレビドラマ化提案”のお話が来たときは、「お、本気でよさがわかる人いるんだなー」と素直に思ったのでした。

ただ、その一方で、「本気で日本のテレビ業界を口説く気なのかな？」と、不安というよりも、ある意味先に絶望感を覚えてしまいました。吉田は自分からテレビを見ることがなくなって久しく、現状の業界体質にもあきらめを抱いている人間です。テレビは戦後長らくメディアの帝王として君臨し、バブル崩壊を経てもなお変わらなかった業界……。いま、変化の兆しはあれど、果たして『光のお父さん』は、「『光のお父さん』のまま、ドラマ化できるのか」(※3)と、そう思ったのでした。

そしてまた、自社版権に対するスクウェア・エニックスのかたくなな姿勢も気掛かりでした。『FFXIV』の最高責任者は僕ですが、『FF』ブランド自体に関わる事案を、僕ひとりで最終決裁できるわけではありません。“ブランドを守る”ことと、“ブランドを閉じる”ことは同義であり、そのバランスにも悩む日々。ブランド力向上や拡散のためには、挑戦が欠かせません。しかし、なんでも許諾していると、今度は価値が下がってしまいます(『FFXIV』のグッズ化や商品化が多いのは、こうした考えかたがあるからです。いずれコラムに書きます)。

---

※3 テレビドラマ化……原作と大幅に内容が変わったり、出演俳優ありきで脚本が書かれたりもする。大いにアリだと思うけれど、本気でやってないものはすぐにバレる。事故率が高い……と思う。

そんな複雑な状況だったからこそ、宣伝チームから話を聞いたその場で、「オーケー、じゃあ進めてください、と回答してください」と伝えました。本気でテレビドラマ化する場合、資金集めも、製作委員会設立も、脚本執筆も、監督探しも、キャスト決めも、撮影段取りも……ありとあらゆることに時間がかかります。それらが揃う可能性が見えてきたら、初めてスクウェア・エニックスとの使用許諾契約が進行することになる。つまり、簡単に言えば、“めちゃくちゃ時間がかかる”のです。

そうなれば、スタートは早いほうがいい。ぴぃさんがあらゆる交渉をするにしても、「契約はしていませんが、スクウェア・エニックスはGOサインを出しています」というひと言がないと、進むものも進まないからです。幸いにも“『FFXIV』のドラマ化の企画スタート”ならば、基本的には吉田の裁量でGOが出せる。『光のお父さん』をドラマ化したいという“ぴぃさん”なる人物の本気度もすぐにわかるだろう……。これが即決した最大の理由です。

この承諾だけでは、ドラマ化に成功する可能性は、まだほんの5%くらいしかなかったはずです。でも、原作者であるマイディーさんとぴぃさんは、ここから猛烈な勢いでドラマ化に向けて突っ走ります。ブログ連載“光のぴぃさん”では語られない、スクウェア・エニックス側から見た舞台裏の模様は、また次回のコラムへと続きます。

## 「テレビドラマ『光のお父さん』スクエニ視点秘話 Part.❷」(2017年6月8日号掲載)

この原稿を書いているのは2017年5月15日。テレビドラマ『光のお父さん』は第5話の放送を終え、僕はといえば『FFXIV』拡張パッケージである『紅蓮のリベレーター』のメディアツアーに出発。相変わらず大嫌いな飛行機の中でPCに向かい合っているのでした……。今回は、テレビドラマ『光のお父さん』について、スクウェア・エニックスサイドから見た製作舞台裏を綴ったコラムの2回目。

「テレビドラマ化の企画を進めてみてもいいですか？」という"ぴぃさん"なる人物の提案に「どうぞ！」と即答してはみたものの、そこからしばらくのあいだ、スクウェア・エニックスの出番はほとんどない。僕たちも社内に主担当を立て、ぴぃさんとは定期連絡を取らせてもらっているけれど、基本的には経過を報告してもらい、必要があれば人や会社の担当者に会う、というのが役割になる。しかも、ウチの主担当は慎重で、何かしら進捗があっても、「いや、吉田さんは、まだ出てこないでください！」と僕を制してくる。

これは、べつに吉田が偉そうにしているということではなく、担当としては、"吉田というカードをどこで切るか"を考えていたり、"企画の成立について様子を見ている"からのようでした。僕は腐っても株式会社スクウェア・エニックスの執行役員なので、あんまりちょろちょろ打ち合わせに出るな、慎重に精査してから見極めてほしい、といった側面もあるらしいのです（このあたりに関して、吉田はかなり疎い）。

じつは『FFⅩⅣ』では、このように外部から持ち込まれる企画や映像化の話がわりと多く、これは『FFⅩⅣ』というゲームがオンラインゲームであり、そこに“コミュニティー”が存在しているということが大きく関わっています。『FFⅩⅣ』を一度でもお金を払ってプレイしてくれた人は600万人以上(※)いて、フリートライアルを触った人まで含めると軽く1000万人を超えます。つねに現役プレイヤーがいるということは、それだけ何かしらの企画を成立させたとき、商業的な成功が“見えやすい”ということになるのです。だから持ち込まれる企画も多い。

そのぶん、“話だけで消えていく企画も多い”ということになるので、毎回これに全力で付き合うわけにはいかない、というのが正直な内情です。これは、べつにそれぞれの企画に対して手を抜くということではなく、つねに成立の可能性を見つつ、タイミングを計っていると言ったほうが正しいのです。

この“『光のお父さん』テレビドラマ化計画”も、そうした数ある企画の中のひとつとしてスタートを切ったため、初動はどうしても“様子見”になります。しかし、この企画がほかと明確に違ったのが、恐ろしい勢いで人や企業が集まっていったところ。主担当から報告を受けるたびに、「MBSさんで決まりだそうです」とか、「制作会社が決まりつつあります」とか、進捗が驚くほど速い。

聞くと、どの会社も人も、「企画がとてもおもしろい」ということで、初動からかなり乗り気だという。製作委員会形式で制作を進めるということもかなり早い段階で決まり、最終的にはスクウ

---

※600万人以上……日本・北米・欧州・中国・韓国の5リージョンの累計アカウント数。フリートライアル版を含めた累計プレイヤー数は1000万人を超えている。

ェア・エニックスもその委員会に参加することになるため、僕も社内の調整を早めに行うことにしました。もっとも、社内の反応も、「え？ テレビドラマ化って本当に実現するの!?」や、「まあ、でもどこかで壁にはぶつかるだろうね」という感じで、承認だけはやたら早かったことを覚えています。それくらい、ひとつのゲーム作品をもとにして"テレビドラマ化"というのは、"成立したら宝くじに当たったようなもん"なのです。

そんなこんなで、異例の速さで進む『光のお父さん』テレビドラマ化企画。企画の承認から3ヵ月が経過したころ、主担当から、「ぴぃさんに会ってください」と通達を受けます。応接室にてお会いしたぴぃさんは、ものすごく緊張されていたと思います。とにかく早口でしゃべる。いかにこの企画に賛同する人が多いか、また、どのような進行を予定しているか、などなど、こちらが口を挟む間もないくらい。溢れ出る熱量が半端じゃない。「とりあえず、いまさらやめてとは言わないので、落ち着いてください(笑)」と言わなければいけなかったほどでした。

この打ち合わせのとき、ぴぃさんは、「どうしても吉田さんに見ていただきたいものがあるんです」とPCを取り出しました。「このドラマ化に賛同してくれる人は本当に多い、でも皆さん、どうしても最後の1歩を踏み出せないでいるんです」と言う。

「そうでしょうね、確かにブログベースの実話、しかも父子の物語でかつ、オンラインゲームで絆を取り戻していくという題材は、目鼻の効く人ならおもしろいと感じると思います」と吉田。

「しかし、皆さんどうしても、新しい映像表現の部分が思い描けないらしくて……」とぴぃさん。

テレビドラマ版『光のお父さん』は、単に現実の主人公やお父さんを俳優さんが演じ、ゲーム内は別制作したCGで展開されるわけではない。現実パートの映像と、『FFXIV』の実際のゲーム映像を組み合わせて作られる。その企画はとてもおもしろいと思うし、『FFXIV』を制作している僕には何となく想像がつくものの、確かにあまりに新しい試みなので、最後の出資判断を躊躇する気持ちはとてもわかるのです。

ぴぃさん「そこで、そのエオルゼアパートと呼んでいるもののパイロット版を制作しました。それを吉田さんに観てもらいたいのです。これは、マイディーさんたちが、誰の手も借りずに、自分たちだけで制作したものです」

そして映し出された"エオルゼアパート"と呼ばれる前代未聞の映像は、恐ろしいほど完成度が高かった。すべて"『FFXIV』のゲーム内で実行できること"だけで撮影されている点もすごいと感じましたが、そもそものカメラアングルや、シーン構成、間の取りかたを見ても完全にプロの仕事であり、"単一の映像作品として成立している"ことが驚異的。正直に言えば、ちょっと嫉妬を感じたくらいの出来栄えだったのです。

吉田「これ、ほかの方には?」
ぴぃさん「はい、今日すでに何社か回って見せてきました」

吉田「ふたつ返事でオーケーだったのでは？」
ぴぃさん「ええ、皆さん、とても興奮していました」

と、ぴぃさんは大満足の笑みを返してくる。かくしてテレビドラマ版『光のお父さん』は、パイロット版を引っ提げて（その裏に計り知れない努力がありつつ）、軽々と最後の障壁を超えていったのでした。

この企画の最大の決め手は、このパイロット版にあったと吉田は思います。なかなか言葉で言い表すのは難しいけれど、ドラマ本編の映像に使われなかったのが惜しいくらいのデキ。どこかで日の目を見るといいなと思いつつ、"百聞は一見にしかず"という言葉を久しぶりに実感した、そんな出来事でした。

以下、Part.❸に続く。

# 「テレビドラマ『光のお父さん』スクエニ視点秘話 Part.❸」（2017年6月22日号掲載）

『FFⅩⅣ』最新拡張パッケージ『紅蓮のリベレーター』のメディアツアーが終わり、日本に戻ってきました。前回のコラムは出発時に書いており、今回のコラムは帰国直後に書いています。というわけで、あっという間の2週間でした。合計37時間、63メディアに及ぶインタビューは『FFⅩⅣ』史上最多な気がする……。

さて、今回はテレビドラマ『光のお父さん』について、スクウェア・エニックス視点からの秘話第3回です。おそらく、あと1回で終わるはず。

ゲーム内でキャラクターが演技をするという、史上初の試みである“エオルゼアパート”。あまりにも映像として“新しい”ため、なかなか出資者の理解を得るのに苦労したプロデューサーのぴぃさんと原作者のマイディーさんだが、“パイロット版”を自分たちで制作し、見事にこの難局を乗り切ったのが前回まで。

パイロット版の成功により『光のお父さん』のテレビドラマ化がほぼ確定し、いよいよ脚本の制作に取り掛かったわけだが、これがまた非常に難航したのです。そもそもマンガや小説の映像化に、近ごろでは、「不安しかない」という傾向があるように思えます。自分の大好きな作品が映像化され、より多くの人に観てもらい、結果的に原作自体がさらに評価されることは本来うれしいもの。「あ、その原作、俺は映像化される前から知ってたけどね」などと、若干ながら優越感に浸れる効果もあるだろうし。

しかし、“最近は原作モノの映画化には、明らかな失敗が増えている（と吉田個人は思う）”。原作の評価が下がるんじゃないかと心配になるものすらある。吉田はエンタメ業界の端くれにいるので、映像化にあたっての諸事情はわからなくもないけれど、それにしたって、「もう少しうまくやれるんじゃ……」と思ってしまうくらいなのです。

それらの“原作改変”の大きな要因となるのが“脚本”です。ただこれは、脚本家が悪いわけではなかったりもします。映画に対して出資する人や企業は、当然ながら利益が出ることを望むため、映像化を売り歩く人は、出資者に対して、「ほらほら、こんなにヒットする要因がありますよ！」とプレゼンすることになるわけです。その際に大きなウェイトを占めるのが“誰が出演するのか”ということ。俳優ありき、なんて言われることもあるわけです。

先に役者が決まっている状態で脚本を作る際、演出やセリフに対して制約が発生することがあり（そういうこともある、という例です。念のため）、これが脚本家を悩ませる。「え、このセリフやこの振る舞いができないと、原作のよさなんて出ないっすよ？」と言ったところで、俳優さんのイメージが崩れては困る、といった側面もある。その役者さんが出演してくれないと、出資者がお金を出してくれなくなる恐れもあり、いろいろ手詰まり感があったりするわけです。これは脚本制作が難しくなるほんの一例。

テレビドラマ『光のお父さん』は予算規模が大きくない代わりに、ある程度自由に作品を作ることができる深夜枠のドラマだったため、素直に脚本からスタートできたのは、映像化にあたってとてもよかったように思います。また、原作者であるマイディーさんや、『FFXIV』の原著作を持つスクウェア・エニックスも脚本化に参加できるため、"原作のエッセンスを守りながら、映像として視聴できるものにする"ことに集中できたのでした。

別の側面からの懸念としては、原作者が映像化にあたって極端に口を出し、結果的によくわからない作品になってしまうケースが挙げられます。しかし、原作者のマイディーさんは"どうしても守りたい部分"のみにフォーカスし、ほかはプロの意見を最優先にする、という姿勢で臨んだため、この懸念もなかったように思います。そもそも、キャラクターアクター筆頭として撮影にも参加するので、原作者というよりはドラマ化スタッフの一員だったのも、好結果を生んだのかなと感じました。

……と、ここまで書くとすんなり進んだように見える脚本化ですが、ドラマ第1話の脚本は20回以上書き直されたはず。どんな作品もそうだけれど、第1話と第2話は、その物語の方向性を決定づけるものになるし、視聴者に伝えたい"テーマ"をわかりやすく盛り込むことになるため、とくに重要だと思います。さらに今回は、"実話のエッセンスをキープする"、"ゲームと現実世界を交互に描く"、"ステレオタイプなゲーマー像からの脱却"など、映像化にあたっての明確な目標があり、これが歪まないかどうか、徹底的に議論されたわけです。

吉田の手もとにも当時のシノプシス（あらすじ）や全話の脚本が

変更されていく履歴が残っていますが、いま読むとなかなかおもしろい。二転三転する初期設定では、主人公の光生がゲーム会社に勤めていたり、「え？ ありえないでしょ」というオーバーな描写も多く、なかなか“ゲームに対してのステレオタイプ”をどう脱却するかが定まらず、紆余曲折が見える。初期案の中でもとくにおもしろいと思ったのは、“お父さんはゲームの中で成長し、主人公の光生はエオルゼアの世界でがんばるお父さんを見て、現実の仕事の糧にしていく”というもの。これは、けっきょくそのままドラマに生かされたが、当時はつぎの脚本で全面的になかったことになっていたりと、混沌としたやり取りが続いている。

確かにマイディーさんの原作であるブログでは、“光生が現実パートで成長していく”という側面は描かれていない（明確には描かれていないが、気付きは相当あったらしいと行間からうかがえる）。しかし、テレビドラマである以上は、視聴者が主人公である光生に感情移入できないといけない。マイディーさんは個人でブログを書いているため、当然ながら個人情報や私生活を赤裸々に書けるわけではないから、ブログ読者は感情移入よりも、起きた事象をドキュメンタリーと楽しんでいることになります。これが原作とドラマの決定的な違いだと僕は思っていました。

視聴者自身の身近な出来事と、光生のドラマでの出来事をある程度クロスオーバーさせることができるかどうか。さらに、これがうまくいけば、“ゲーマーはメディアで報道されているような、悪い意味のステレオタイプではなく、ごくふつうの人たちである”ということも明確に打ち出せる。スクウェア・エニックス社内では、

「絶対にこの路線で行くべき」というメールが飛び交っていて、担当者はぴぃさんに伝えるのに、ひと苦労だっただろうな……としのばれます（苦笑）。

原作モノの映像化には困難がともない、必ず改変が必要になります。前に書いたように、それぞれは観賞スタイルも違えば、視聴モチベーションも異なります。原作と映像、それぞれが持つ媒体力に合わせ、“作品が持つ意義と根本のテーマ”を守って改変しなければ、けっきょくのところ原作通りに映像化しても、おもしろい映像作品にはなりません。

今回、微力ながらこのドラマ作品の制作に関わって、僕自身の大きな気づきだったのは、まさにこの点だったのでした。以下、次回“ララフェル多すぎ問題”に続く。

# 「テレビドラマ『光のお父さん』スクエニ視点秘話 Part.❹」(2017年7月6日号掲載)

　このコラムが掲載されるころには、もう『紅蓮のリベレーター』のアーリーアクセスが開始されています。無事に光の戦士たちが楽しんでいますようにッ！……と祈りつつ、コラムスタートです。

　さて、テレビドラマ『光のお父さん』について、スクウェア・エニックス視点からの秘話第4回。これにて『光のお父さん』編はいったん完結となります。

　“実話のエッセンスをキープする”、“ゲームと現実を交互に描く”、“ステレオタイプなゲーマー像からの脱却”などの目標とコンセプトを掲げて、難航しながらも脚本をフィニッシュしていくドラマ制作陣。ついに実写パートの撮影が開始されるにいたります。

　なんと、主演はイケメン俳優として人気急上昇中の“千葉雄大”さん（吉田はむしろ特撮ファンとして知っていた）、そしてお父さんを演じるのは、まさかまさかの大俳優“大杉漣”さん。お母さん役は“石野真子”さんという最強布陣。どうやってこんなキャストになったのか、いまでもわりと不思議だったりします（笑）。

　実写パートの撮影は、非常に短い期間ながら、熱量が凝縮した現場となり、無事終了。撮影最終日、現場で行われた締めの挨拶にて、ドラマ化に奔走したプロデューサーのぴぃさんは男泣き。その内容は記載しませんが、僕もマイディーさんももらい泣きするほどの立派なスピーチでした。

実写パートの打ち上げ直後から、ついにエオルゼアパートの撮影が始まります。エオルゼアパート監督である山本さん（山本清史氏）の指揮のもと、吉田が、「テストサーバーを用意しますよ！」と言ったにも関わらず、「いいえ、現実と同じように“天気待ち”も“時間待ち”もやります！」と、常軌を逸した（失礼）こだわりとともに撮影開始。正直、「この人たち、ちょっと頭おかしいのかも？」と思ったのはないしょです（いい意味で、ですけれど）。

実写パートの撮影は終了しても、このドラマではようやく制作の半分。エオルゼアパートの撮影と編集が控えているため、実写パート同様にエオルゼアパートも非常にタイトなスケジュールで撮影が進行。その裏では実写パートの野口監督（野口照夫氏）とエオルゼアパートの山本監督によって、事前に決められたシーンのつなぎに合わせて、仮編集のオフライン版が制作されていきます。そうして我々スクウェア・エニックスにも、ついに実写とエオルゼアが融合した新機軸のドラマ『光のお父さん』その第1話と第2話のオフライン版が送られてきたのです。

エオルゼアパートの初挿入シーン。『FFⅩⅣ』中に存在するハウスでキャラクターが語り合う場面ですが、カメラは天井の装飾から、会話するキャラクターたちを見下ろして捉えています。プレイヤーの誰しもがその位置にカメラを置くことはできても、“ゲームをしている”という感覚では決して見ることのない視点が、そこにありました。つまり、ドラマを観ている“視聴者の目線”がそこに表現されていると僕は感じたのです。

言葉で書くのはとても難しいのですが、山本監督はエオルゼアという世界を、あくまでドラマを描くためのロケーションとして考えているんだな、と強く感じました。そんな人たちが作った第1話と第2話、それはドラマとして完成度が高く、何よりも“ドラマとしておもしろい”仕上がりになっていました。スクウェア・エニックス関係者の中でも非常に評判はよく、これはイケる！ という手応えがありました。

しかし、僕にはどうしても一点、絶対に変えるべきだと思う箇所がありました。それはこのドラマの根幹を崩壊させ、視聴者の評判を著しく損なう可能性がある、という重大な欠点にも思えたのです。即座に、ぴぃさんを通じてフィードバックを送ります。

**「このドラマのエオルゼアパート、ララフェルが多すぎる！」**
という内容で。

“オンラインゲームやゲーマーに対しての偏見を払拭する”というのも、このドラマ版『光のお父さん』の命題でもあったはず。それなのに、このドラマを観ていると、『FFXIV』には主人公のミコッテ女子と多数のララフェル女子しか出てこないように見えるのです。これはアカン！

正直、フィードバックには悩みました。撮影は進んでいるし、いまさら……という空気もあるはずです。そこで僕は、マイディーさんにメールを送り、その意図を伝えます。「そこにいたはずのじょぴ（編注：マイディーさんのフリーカンパニー“じょびネッツア”の愛称）メンバーを削るのではなく、周囲にほかの種族をガヤとして追加し、それによって“ララフェルが多い”という印象を軽減しましょう」と。もちろん、できるだけ言葉を選びました。もしかしたら、マイディーさんが大切にしている仲間を、映像から削れ、と指示されていると感じるかもしれない……。「もちろん、エオルゼアの日常をウソ偽りなく描くという、マイディーさんと監督の意向は、十二分に理解しています！」とも申し添えてのフィードバックでした。

緊張しながら待っていたところに、戻ってきたマイディーさんの返事にはこう書かれていました。

「あ、すいません、あまりにふだんの映像すぎて、監督も僕もララフェルが多すぎることに、まったく気がつきませんでしたwww」と。おいいいいいいいいいい！！！！（笑）

かくして、監督の理解も得られ、吉田からの提案として第1話と第2話の特定シーンに他種族を追加して、“ララフェルだらけ”を緩和していただくことになりました。これは刷り込みという手法に近く、初登場時の印象さえ緩和できれば、あとは“きりんちゃん”、“あるちゃん”という、ララフェル族ではなく“キャラクター”として認識されれば、こうした印象はなくなるだろうし、そのほうが修正コストも安く済むという理由からでした。

……このように、このドラマの舞台裏には、本当に通常では考えられない、数々の工夫がありました。これはそれらのほんの一例ですが、これからドラマを観る方、観直す方は、そんなところにも意識を傾けてみると、違ったおもしろさが見えてくるかもしれません。

それら数々の工夫の中から、吉田が思う、もっとも象徴的な事象を記して、コラムを締めくくりたいと思います。

このドラマは個人のブログがもとになって生まれました。しかしながら、同時にドラマ原作として講談社から"書籍版"も発売されています。ドラマがヒットして、これが実話から生まれたと知った視聴者の中には、「原作も読んでみようかな？」と書籍に手を伸ばす人も多いはず。ところが、原作であるマイディーさんの"一撃確殺SS日記"はいまなお無料で、かつどなたでも読むことができます。講談社の書籍化を担当してくださった方は、書籍化にあたって"ブログの記事削除"を条件にしなかったからです。これがどれほどすごいことなのかは、商品開発やセールスに関わったことのある人なら、誰でもわかるはず。

このように、"原作を愛する人"が勢揃いして生まれたのが、このドラマ『光のお父さん』。こんなステキな作品の制作にほんの少しでも関われた僕は、とても幸せだな、と思うのでした。

# 「『紅蓮のリベレーター』開発秘話 Part.❶」

（2017年7月20日号掲載）

去る6月20日、『FFⅩⅣ』最新拡張パッケージ『紅蓮のリベレーター』（以下、『紅蓮』）が発売となりました。予約していただいた方は6月16日からアーリーアクセスにご参加いただいたので、開発／運営チームの事実上の正式サービスはこの6月16日となります。

前回の拡張である『蒼天のイシュガルド』（以下、『蒼天』）に比べ、今回は拡張の内容よりもローンチに際して個人的に反省点が多くなってしまいました。『紅蓮』発売までのマーケティングやPRはかなりうまくいったものの、開発はギリギリの進行となり、アーリーアクセスのスタート時は大混雑で28時間くらいは混乱をきたしてしまいました。

今回から数回に分けて、この『紅蓮』の開発やマーケティング/PR、そしてローンチを振り返りつつ、MMORPGにおける拡張パッケージの意義についての掘り下げを行おうと思います（ゲーム開発者コラムっぽい）。

## ■　拡張パッケージの始動　■

『紅蓮』の企画がスタートしたのは、2015年の秋。パッチで言えば、“3.1がリリースされるよりも前”ということになります。なぜここまで早いのかと言うと、『FFⅩⅣ』2回目となるファンフェスティバル実施に合わせて『紅蓮』の告知をすることを考えると、ファンフェスの会場押さえと、トレーラーの制作開始をほぼ同時期に始めないと間に合わないからです。また、前回の拡張である『蒼天』の開発が、あまりにもタイトスケジュールで綱渡りすぎたことを踏まえ、早めにスタートすることで全体負担を減らそうと考えたのでした(この目論見はある意味今回も失敗したのですが……)。

まず、もっとも早く締切が来るのは、間違いなくヴィジュアルワークス部が制作する『紅蓮』の予告篇となるティザートレーラー。フルCG映画といってもいいほどのクオリティーとなりますので、当然制作期間が長くかかります。登場する主要キャラクターは何体なのか? 登場する地形は? キャラクターのモデリング精度はどこまで高くする必要があるのか? などなど、これらはすべて工数とスケジュールに影響してきます。手もとにある資料を確認したら、トレーラーの字コンテ第1稿のタイムスタンプは“2015年9月24日”になっていました。

当時はパッチ3.Xがひとつも出ていないのに、「始動が早すぎないか」という思いが吉田の中にも少しあった気もします。ただ、月額課金制のMMORPGの拡張とは言え、RPG1本分に相当するようなボリュームのものを作ろうとしているわけです。しかも、これでも開発期間は2年もありません。「そう考えれば(今スタートしても)何もおかしくはない!」と主張するプロジェクトマネージャーの剣幕に押され、『紅蓮』の舞台をどこにするのかの決断を迫られます。

このトレーラーの字コンテが今回の拡張パッケージで最初の作業となりますが、この字コンテの冒頭には

**●4.0のメインランドは“ドマ（東方大陸東端）”＋“ひんがしの国（一部、出島のみ登場）”と、“アラミゴ”の大きく分けて3つの地域で構成される**
**●アラミゴの主役ジョブはモンク、ドマの主役ジョブは侍となる（新ジョブはふたつ想定。ひとつは未定）**
**●“ドマ”と“ひんがしの国”のあいだにある海底については、どのように実機実装するかまだ検討中**

という注意書きがあり、この時点で『紅蓮』の構成要素のほとんどが決まっていたように見えます（他人事っぽいですが、あまり記憶がない）。

ざっと仕事用のPCを漁ってみましたが、これよりタイムスタンプの早い正式資料は残っていないので（メモ書きはある）、この時点までに吉田の頭の中で概要はほぼ確定していたようです。これとほぼ同時期に開発で用いている“コンテンツロードマップリスト”にも4.0の内容が記載されたので、やはりここが始点となります。

「3.Xの運用も始まっていないのに、拡張パッケージの制作に取り掛かって大丈夫なのか？」という点についてですが、これは月額課金制MMORPGの強みかな、と逆に思います（長期安定運用がしたいからこそ、ほとんどのMMORPGはなんとか月額にしたい

と、月額課金制でローンチするわけです)。当時、『蒼天』の評判もよく、会員数推移についても“最悪ケースシミュレーション”を試しましたが、十二分に次回の拡張パッケージを作れるだけの余裕がありそうだと思えました。無論、だからといって3.Xシリーズの開発と運営に手を抜くわけではないので、4.0を決めたうえで3.Xシリーズ全体の流れも確定し、パッチ運用の盛り上げについて長期計画を作り始めます。

拡張に関しての方向性は、『蒼天』も『紅蓮』も、まずは吉田がひとりで概要を煮詰めることになりました。これは『FFXIV』のゲームデザイン、将来の方向性、サプライズ要素など、おおよその構想を決めるのがプロデューサーとディレクターの役割で、いまは吉田がひとりでそれを担当しているからです。テーマの全体像を決め、キーになるであろうメンバー数人に、それぞれ具体的な意見を聞きます。シナリオは描き切れるか? ジョブに対しての懸念は? 水中アクション実装について処理懸念は何か? などです。

方向性が固まると、今度は概要のベースとなったマーケティングやPRのテーマについて議論。もともと全世界の『FFXIV』スタッフがまとめてくれていたデータを基に拡張案をまとめていますが、その方向性に懸念がないかを確認し、大きな問題がなければ拡張パッケージの大枠が決定します。

……かくして2015年9月下旬、『紅蓮』の大枠が決まり、ヴィジュアルワークス部では映像制作が始まります。トレーラーに出てくる女性が何者なのかはこの時点で決まっていたものの、まだメインストーリーは影も形もなく、“ひんがしの国の出島を経由して、ドマとアラミゴをガレマール帝国の手から奪還する！”というテーマだけが決定し、我々『FFXIV』チームはパッチ3.1のリリース準備と並行して、裏ではジリジリと『紅蓮』の開発を始めていったのでした。

この時点で『紅蓮』の発売日である2017年6月20日まで、残り時間は約21か月。結果として『FFXIV』チームはこのあいだに5回のメジャーパッチと、54回のアップデートを実施することになりました。その裏でどのように拡張パッケージ『紅蓮のリベレーター』の開発が進んでいったのか……また次回に続きます。

……しかし、こうやってコラムを書いて改めて思いましたが、つぎの拡張がもう目の前にあったりして（白目）。

## 「『紅蓮のリベレーター』開発秘話 Part.❷」

(2017年8月3日号掲載)

2017年6月20日に発売となった『FFXIV』拡張パッケージ第2弾である『紅蓮のリベレーター』(以下、『紅蓮』)。今回は、その開発秘話を語るパート2となります。

『紅蓮』の企画がスタートしたのが2015年の秋。もっともスケジュールの足が長い、ヴィジュアルワークス部が担当するオープニング映像の制作からスタートしたのですが、この時点で、同時にPRの骨子も決める必要がありました。今回はそのあたりの秘話をお届けします。

### ■ 開発の長期運用計画 ■

『FFXIV』は月額課金制のMMORPGであるため、円滑にアップデートを実施する必要があり、そのうえで拡張やPRを続けていくためには、かなりの長期計画が必要になります。とくに、ひとつ目の拡張パッケージである『蒼天のイシュガルド』(以下、『蒼天』)の制作では、初の拡張パッケージリリースということもあり、僕を含め開発チームも運営チームもペースがつかめずに、全員が前のめりすぎる制作を続けてしまったため(悪いことではないのですが)、リリースと同時に全員が疲弊してしまうという状況を生みました。

MMORPGの運営は、陸上競技にたとえれば、短距離走ではなく長距離走。マラソンに近いです。もちろん、パッチや拡張パッケージのリリース前は、ゴールと同じく瞬間的なラストスパートも必要ですが、そのためにも“ペース配分”を欠かすわけにはいきません。

前作『蒼天』では、この乱れてしまった“ペース配分”を長距離走に戻すため、それまで守ってきた3.5ヵ月に1度のメジャーパッチリリースをあきらめ、開発と運営チームにまとまった休息を作ることにしました。パッチをお待ちいただいているプレイヤーの皆さんには、パッチ間隔が空くことでご迷惑をお掛けすることになりましたが、再び走り出すためには、どうしても必要な休息だと判断したのです。

吉田はこの休息のあいだに、歪んでしまったチームの再編成や、新しいリーダーの選出、マネジメントの見直し、『蒼天』開発における問題点の確認などを一部のマネージャーとともに実施。休息が終わった開発チームに、できるだけ効率よく仕事に戻ってもらえるよう準備を整えていました。つぎの拡張である『紅蓮』も、『蒼天』の反省を活かし、ゲームデザインの骨子決めなどは『蒼天』よりも早くスタートを切った、というわけです。

## ■ マーケティング/PRの長期計画 ■

拡張パッケージ開発とリリースにおいて、もうひとつ重要なのが、マーケティングとPRの長期計画です。というのも、プレイ料金無料のゲーム(F2P)と異なり、月額課金制の『FFXIV』では“課金率”の考えかたが大きく異なるからです。F2Pのゲームでは、課金が定額制ではないため、たとえば8割のプレイヤーが非課金でプレイしていたとしても、残りの2割の方の課金によってビジネスが成立します。ところが、月額課金制かつプレイ料金が定額である『FFⅩⅣ』の場合、課金率100%が前提となります。フリートライアルからプレイを開始していただいたとしても、いずれ月額契約しなければ、遊び続けられない。つまり、遊び手の“ゲームをプレイすること”自体のハードルがとても高いわけです。

ゲームをプレイすることのハードルが高い以上、拡張と拡張のあいだには、“流行っている感”や“最新のゲームであり続けることのアピール”、“いまからプレイを開始してもいいという安心感”などをつねに、そして長期的に打ち出していくことが重要です。

これらを支えるのが、長期的なマーケティングやPRであり、そのためにこのふたつについても計画性が重要になります。開発チームがプロの長距離ランナーだとすると、マーケティングやPRはそれを支援するスポンサーに近いかもしれません。この両面が揃って、初めてMMORPGは成長していけると考えています。

### ■ ファンフェスを中心に据えた開発とPR計画 ■

さて、これら月額課金制モデルの特殊性や『蒼天』開発の反省点から、

**❶『紅蓮』のゲームデザイン骨子はできるだけ早く決めて、計画的に長期開発する**
**❷『紅蓮』にいたるまでのマーケティング/PRを長期的視野で実施する**

というふたつの大きな命題が明確に見えてきました。このふたつの命題は、❶をディレクターが考え、❷をプロデューサーが考えることになるのがふつうです。ここでラッキー(?)なことに、『FFXIV』はプロデューサーとディレクターが同一人物なので、吉田は以下の項目からいろいろ考えました。

- **つぎの拡張の発表は“ファンフェスティバル”で発表することになるだろう(プロデューサー視点)**
- **きっとプレイヤーはつぎの拡張が“アラミゴだろう”と推測しているに違いない(ディレクター視点)**
- **そのまま「つぎの拡張はアラミゴです!」と言っても、「知ってた!」になるだろう(プロデューサー視点)**
- **コンテンツ種別が増えているので効率的なコンテンツ開発が必要になる(ディレクター視点)**
- **『紅蓮』リリース後の『FFXIV』を発展させるため、変化への挑戦が必要になる(ディレクター視点)**

拡張を続ける以上、何か驚きを感じてもらうことが必要で、それは世界の広がりや発展をイメージできるものであるべきだ、と考えます。しかし、運営開発を続けながらの拡張パッケージの並行開発には、コスト制約がつきまといます。ゼロから開発するゲームではないからこそ、効果的なテーマで開発する必要がある……。

そこで思い出したのが、毎週実施しているシナリオ定例会議で、担当者のひとりである織田(織田万里氏)がポツリと漏らしたひと言。

**「吉田さん、そろそろつぎの拡張をデザインするころだと思いますが、アラミゴは土地が狭い、ということを覚えておいてください」**

『蒼天』の舞台は、ある意味規定路線のイシュガルドでした。もちろん、プレイヤーが旅をする地域はイシュガルド地方のみ、しかもプレイヤーはつぎの『紅蓮』の舞台をアラミゴだと予測しており、このまま実施しても驚きはなく、何より拡張パッケージとして発売するには、冒険の舞台が狭い……となれば……。

**❶次期拡張である『紅蓮』はファンフェスティバルで発表する**
**❷ここでお披露目するトレーラーは予想通りの"アラミゴ"にしよう**
**❸しかし、じつは冒険の舞台はひとつではなく、**
**"ひんがしの国"を含む東方地域を加えた2ヵ所**
**❹全世界3会場となるであろうファンフェスで徐々に『紅蓮』の全容を公開**
**❺最後のファンフェスのオープニングで映像として**
**東方地域をいきなり発表**

というのがプロデューサー兼ディレクターとして考えた案でした。この流れ、じつは『FFXIV』の"新生"に似ています。パッチ3.Xシリーズの運営を『旧FFXIV』に見立て、4.0を"新生FFXIV"に置き換えてみると、なんとなくニュアンスが感じられるかもしれません。

……ここまでは非常にうまく計画立案でき、『紅蓮』を発売したいまでは、結果も大きくともなったと感じています。しかし、これを実行に移したことで、同時にいろいろな"悲劇"も生まれることになったのでした。それらの開発秘話は、また次回。

# 「『紅蓮のリベレーター』開発秘話 Part.❸」

（2017年8月17日号掲載）

2015年秋。『紅蓮のリベレーター』（以下、『紅蓮』）のおおよそのゲーム概要が固まり、ヴィジュアルワークス部にオープニングムービーの制作を発注。『FFⅩⅣ』拡張パッケージ第2弾の制作が開始されました。しかし、開発チームはと言えば、当然ながら、まだまだパッチ3.Xシリーズの開発と、詳細なコンテンツやシステムアップデートの計画を詰めている最中でした。

## ■ もっとも早く作業に取り掛かるのはバックグラウンド（BG）班 ■

どのHDゲームでも同じだと思いますが、後続の開発に影響が大きいのがバックグラウンド（BG）です。簡単に言えばマップのこと。『FFⅩⅣ』の拡張パッケージでも、RPG1本分のボリュームとなるため、もっとも早くから開発に入ることになります。

レベルデザインチームの数名とBGチームの数名が、『紅蓮』のマップ作りに取り掛かったのが、2016年の4月ごろ。パッチ3.2をリリースした直後くらいでした。このときに決まっていたのは、合計7つのエリアで構成されること……内訳はアラミゴ編3エリア、東方編3エリア、プレイヤータウン1エリア。プレイヤータウンは鎖国政策を取っている“ひんがしの国”の出島である、程度。まだシナリオには本格的に着手していないころです。これは一般的なRPGの作りかたから逸脱していますが、ふたつ大きな理由があります。

●このタイミングで着手しないと発売予定に間に合わなくなる
●ゲーム体験に沿ってシナリオを作るため、
シナリオありきでの制作ではない

マップの制作を行う際には、世界設定班に大まかなエリア構成を作ってもらい、メインシナリオライターを交え、レベルデザイン班/BG班が、ざっくりと各エリアの特徴を話し合います。この会議には吉田も参加し、「『紅蓮』には“水中アクション”が実装されるので、1エリアは海メインにしてほしい」、「アラミゴ側がどうしても荒涼とするので、平原や平野部がほしい」など、ゲーム体験をベースにしたリクエストを出します。

プロットはないものの“光の戦士たちの新たな旅程”を決めていく、というイメージに近いです。この会議で決まった内容をもとに、レベルデザインチームとBG班がタッグを組み“白地図”の制作を開始。白地図は文字通り真っ白なエリア外周のみ描かれた地図で、これに“廃墟”、”遺跡”、“戦場跡”、“不思議な巨樹”などのネタを書き込んでいきます。

マップの制作は世界設定からスタートしますが、これらフィールドの詳細は、先におもしろそうな要素出しをして、吉田やシナリオ側のチェックの後、採用が確定してから再度世界設定班のところで補強を行います。このあたりは、効率化とゲーム体験と設定を、ずいぶんと上手に組み合わせられるようになったと思っています。

## ■ メインシナリオ合宿（貸会議室……） ■

さて、2016年5月末日、ついに『紅蓮』のシナリオ合宿開始。シナリオ合宿と言えば、なんとなく“涼しいホテルで”なんて想像しそうですが、そこはさすが『FFXIV』！ 単に都内の貸会議室に、メインシナリオライターと吉田が通いで会議をするというのみ。「じゃあ会社でいいじゃん」となりそうですが、会社にいる限り会議などに捕まってしまうので、隔離という意味でも外で実施することとなりました。

このシナリオ合宿は今回が初の試みで、前作『蒼天のイシュガルド』のメインシナリオFIXが遅れに遅れたことを受け、できるだけ前倒しにシナリオを詰める、をコンセプトに実施されました。とはいえ発売約1年前ですから、一般的なゲーム開発に比べると、それでもかなり遅いわけですが……。

シナリオ合宿では、メインシナリオの担当エリア分けをすると同時に、各エリアで“光の戦士が何を目的に戦うか”、“誰と行動をともにするか”の2点を、序盤からディスカッションを交えて決めていきます。『紅蓮』では“光の戦士が強敵と出会う”、“戦争になるので綺麗事ばかりにしない”、“王道を真っすぐ”などテーマを決め、さらに担当者がやりたいことを軸にしつつ、“導線”を決めていきます。

約4日間の合宿でしたが、ここで得たものは大きかったと吉田は思いました。それは、シナリオの骨格が決まったこともそうですが、担当者が何を考え、何をやりたいと思っているのかを深く知れたこと。また、同じように、"吉田が『紅蓮』で目指したいこと"を共有できたこともしかりです。一般的なサラリーマンの皆さんが帰宅するくらいの時間に、僕らも居酒屋にいって、なんとなく"会社帰りの一杯"をふつうに体験できたのは、案外貴重だったかもしれません(笑)。

## ■ 迫り来るファンフェスティバルinラスベガス、しかし…… ■

シナリオ合宿が無事終わるも、メインシナリオ担当者はここからが地獄でした……。パッチ3.3をリリースするも、すぐにパッチ3.4とパッチ3.5の作業が待ち受けています。『FFXIV』の音声収録は基本2パッチ分同時なので、パッチリリースの8ヵ月以上前にボイスパートの収録を終えなければなりません。それが終わり次第、今度は『紅蓮』のボイスパートのみ先行してセリフ作成に入り、吉田のチェックと校正を経て台本になっていきます。『紅蓮』のプロットをベースにマップ制作班は作り込みの精度を上げますが、開発チーム全体はここでいったんパッチ進行に集中(装備などの報酬系は併走するけれど、それはまた次回)。

そんなこんなで迎える2016年10月。『FFXIV』にとって2回目となるファンフェスティバルがラスベガスにてスタート。もちろん、基調講演では『紅蓮』の正式発表となるのですが……前回のコラムの通り、ラスベガスではあくまで、「正式に拡張があるよ、つぎはアラミゴだよ」くらいまで情報を絞りました。つまり、大ネタとしては、『紅蓮』のティザートレーラーがある程度なのです。

しかし、ここでティザートレーラーに大きな問題が。フルのトレーラーでは、後半で新マップのお披露目とともに世界が広がり、一気に物語の舞台が東方へ移り、そこには侍の姿が……という流れになっているため、ティザーで公開する前半部分だけを切り出して見ると"『FF』らしさ"がまったくなくなってしまったのです。正直なところ、ラフ編集版を見たとき、「あ、ヤバい、『ストリートファイター』にしか見えない」と引きつった笑いが漏れたほど。

どうにかこうにか、チョコボのシーンを追加したり、『FF』のメロディーラインをほのかに入れてもらったり、できる限りの抵抗をしたものの、少々インパクトに欠けるものになってしまったと反省。マーケティングとPR、そしてサプライズを絡めた妙案でしたが、"『FF』らしさ"への配慮が足りなかったのです。ヴィジュアルワークス部の皆さん、そしてサウンドディレクターの祖堅ちゃん、ギリギリまでの調整ありがとうございました……以下、Part.❹へ続く。

# 「『紅蓮のリベレーター』開発秘話 Part.❹」

（2017年9月7・14日合併号掲載）

2016年の夏が終わるころには、翌年の『紅蓮のリベレーター』（以下、『紅蓮』）発売に向け、グラフィックスに携わる各セクションの作業が一気に“『紅蓮』シフト”になります。

## ■ 多種多様な装備や報酬を作るキャラクター班 ■

マップの制作自体で完結するバックグラウンド班（以下、BG班）とは異なり、キャラクターの装備や固有NPC（ノンプレイヤーキャラクター）モデルなどを作成するキャラクター班（以下、キャラ班）は、単に1装備のモデリングを終えれば作業が完了するわけではありません。『FFⅩⅣ』では男女で体型も異なりますし、全身装備ひとつ取っても、すべての種族と性別に対応する必要があり、1装備を追加するだけでも途方もない細かい作業の積み重ねが発生します。

キャラ班は、プレイヤーの装備する武器防具はもちろんのこと、ヒエンやヨツユなど、固有のグラフィックスを持つキャラクターの作成、さらには髪型モデルの作成と種族対応、顔の動きを作るフェイシャル、乗り物であるマウントと、当然ながらモンスターモデリングの作業も一手に引き受けます。

もちろんキャラ班内にもプレイヤー装備担当、武器担当、モンスター担当、フェイシャル担当、お色気（？）担当など、細かく担当者が分かれていますが、とにかく連携が重視されます。これらのベースデザインをするアート班やシナリオ班、そして吉田のチェックも細かく入るため、他セクションとの連携が非常に多いのも特徴です。

1ジョブ専用装備につき、約6ヵ月の作業を要するため、アップデートでの報酬追加スケジュールとタスク割、一気に装備が増える拡張パッケージの外部発注とクオリティーコントロールなどが併走するため、キャラ班は実際にパッチがリリースされる日付より10ヵ月くらいの未来を先取りして生きている感じになります。

相当先の発注をするプランナーもなかなかたいへんですが、キャラ班の細かいタスク管理と、物量を仕上げてくれる努力には、本当に頭が上がりません……。

### ■ アート班はPR用のアート作成に突入 ■

BG班と並んで早くから拡張パッケージの作業に取り掛かっているもうひとつのセクションがアート班。キャラクターアートとBGアートに分かれており、いずれも固有NPCのデザインや装備のデザイン、BGはモデリングするためのイメージボードから詳細なモデリング用指定図の作成まで、幅広く作業が続きます。

2016年秋ごろからは、いったん『紅蓮』の作業が落ち着くため、ここからアート班はPR用のイラスト作画に突入。PRに使うイラストは吉田とアシスタントプロデューサーで大まかに必要な素材をリストアップし、構図やイメージは吉田が作画担当者に直接発注を行います。

『FFXIV』はグローバル運営のため、各地域によって好まれる色彩、キャラクター性、構図が微妙に異なります。当然ながら、ひとつのイラストを国別に用意することはコスト的に不可能なので、“この絵は全リージョン向け”、“このイラストは北米寄り”、“このイラストは日本をメインに”など、なんとなく割り振りを決めて発注を行います。

吉田の発注はかなり具体的(だと思うのですが)なので、おおよそラフを上げてもらって一度すり合わせ。その後、色彩や背景のイメージを詰めつつ、キャラクターの場合は最後に表情のチェック。おそらく、いちばん細かく見るところが表情になります。キャラクターのPRイラストは、皆さんがプレイする前の大切なイメージ固めになるため、プレイをされたときに事前の想像と違和感のないよう、キャラクター性が出やすい表情チェックにいちばんこだわる、ということです。

吉田はたぶん『FFXIV』に関わるすべてのスタッフの中で、もっとも絵が下手です!(確信)。そのくせ、もっとも指定が細かく、もっともチェックが多いというのは、何の因果なのか……。描けないぶんだけ妄想力が高いのかもしれませんが、皆さんいつも素敵なイラストをありがとうございます。「こんな感じですよ!」とか、さらっとラフでも描ければ、みなさんももっと楽にイメージできると思うのですが、吉田の絵は下手すぎて、自分でも「えっと、この絵はなんだっけ?」となるくらいなのです。スミマセン。

## ■ 開発と並行して突っ走るマーケティング/PR施策 ■

かくして、開発チームがパッチ3.4/3.5と並行してどんどん『紅蓮』シフトになっていく一方で、全リージョンのマーケティング/PRチームから『紅蓮』発売に向けての施策案が提示されてきます。巨大な施策のひとつであり、1年前から計画しているファンフェスティバルを除けば、次いで大きいのが"『紅蓮のリベレーター』海外メディアツアー"です。

『FFⅩⅣ』には日本、北米、欧州に選任のマーケティング/PRチームがありますが、欧州はさらに細かくイギリス、フランス、ドイツ、北欧などなど、地域ごとに支社があり、担当者がついています。彼らはその地域ならではの施策考案、協業パートナー探し、小売店露出計画、PR素材作成などを行いますが、その中でもメディアツアーは最大業務。開発指揮を抱える吉田を、どのように効率よく世界中を回らせるか。あるいは、世界中のメディアの皆さんに、どう効率よく『紅蓮』をお伝えするのか、侃々諤々の議論と提案が続きます。

前回の『蒼天のイシュガルド』は北米で1回、欧州は諸国を回らず、フランスのお城を借り切ってPRを実施。これが費用的にもスケジュール的にも、メディアの評判としても大当たりで、『紅蓮』では北米も含めて1ヵ所集中にしようか、という案も出たほど。

実際にはE3(エレクトロニック・エンターテインメント・エキスポ)を控え、北米メディアが動きづらいことを考慮して、前回同様に北米1回、欧州は再び会場を1ヵ所にしてメディアの皆さんをご招待、という方針となりました。マーケティング/PRチームは知恵を絞り、『紅蓮』の世界観に合う会場はどこなのか、どんな飾りつけにするのか、日本と各拠点間で企画書とフィードバックの激しい応酬がくり広げられました……。

『FFXIV』は新生から4年を迎え、さらにこの先へ向かうためにも、今回の『紅蓮』ではとくに新規プレイヤーへの訴求を目標に掲げ、北米のチームは超人気プロレス団体WWEとのコラボレーション(※1)、日本のチームは『FF』30周年を絡めた横浜市と『FF』シリーズのコラボ企画(※2)を始め、ほかの企業様との協業など、ありとあらゆる媒体でのPRにチャレンジしてくれました。

こうして振り返ると、『FFXIV』は本当に多くの人の熱意と協力によって成り立っているんだなぁ、と改めて思うのでした。さて、次回はいよいよこのシリーズのラストとなる開発秘話 Part.❺。バトルコンテンツとローンチに触れていこうと思います。それではまた次回！

---

※1……WWEとのコラボレーション　WWEレッスルマニア33のホストとなるチーム“The New Day”の3人が『FFXIV』コスプレで入場。The New Dayのエグゼビア・ウッズ氏は現役『FFXIV』プレイヤー。**http://sqex.to/fYZ**

※2……横浜市とのコラボ　複数の『FF』タイトルで横浜市のさまざまな場所や企業とコラボレーションを実施。『FFXIV』はもっとも大きなプロジェクションマッピングで参加。**http://sqex.to/MrU**

# 「『紅蓮のリベレーター』開発秘話 Part.❺」

（2017年9月21日号掲載）

さて、5回にわたって書いてきた『FFXIV』拡張パッケージ第2弾“『紅蓮のリベレーター』（以下、『紅蓮』）開発秘話”も、今回にて終わりとなります。

## ■ 『FFXIV』のバトル関連セクション ■

ひと口に“バトル”と言っても、『FFXIV』は複数のセクションが企画を担当しています。新ジョブのシステム考案、仕様設計、ジョブバランスの調整、全経験値の払い出し、アラガントームストーンの排出量設計、各バトルコンテンツのルール設計や、ときにはコンテンツそのものの企画や仕様作成を行う“バトルシステム班”。

フィールドの地図設計、全ダンジョンの設計、ギミック考案、ボスバトルステージの制作、レイドマップの企画と仕様作成、さらにはフライングマウントや水中アクションの仕様策定など、こちらも多岐にわたってデザインと仕様設計を行うのが“レベルデザイン班”。

モンスターそのものの考案、ダンジョンボスモンスターの企画と技考案、全レイドのボス企画、仕様作成、技発注、ギミック仕様作成など、モンスターのほぼすべてを担当する“モンスター班”。

『FFXIV』の場合、開発現場はこれら3つのセクションを同一視せず、それぞれが連携してフィールドやダンジョン、レイドやボスモンスターを開発していきます。つねに連携が必要になるため、これら3班のブースは固められており、最終的にはレイドの難度も、この3セクションから選ばれたメンバーの手によりメインの調整が行われます。

## ■『紅蓮』での大きな仕様変更 ■

今回の『紅蓮』では、キャラクターの成長やジョブシステム、ジョブ専用HUDの搭載など、非常に多くのシステム変更が行われました。それに加え、既存13ジョブのバランス調整と、赤魔道士／侍という新たなふたつのジョブを開発する必要がありました。

そもそも『紅蓮』における各種システムの変更や廃止、追加は、3.Xシリーズ運営中から各担当者間でディスカッションされ、それをバトルシステム班が提案としてまとめ、最後に吉田が加わってひとつひとつの意図やメリット／デメリットを確認して実行に移されました。もちろん、これらの追加や変更を行う場合、ユーザーインターフェースの変更、アニメーション班の作業がともなうことになるため、これらのグラフィックスセクションが、破たんなく4.0作業期間に収まるのか、コスト見積もりも並行して行われたのでした。

『紅蓮』における各種変更意図は、まとめると以下のようになります。

### ❶あまりに数が多く、複雑化してしまった ジョブアクションの根本整理

※HUD……ヘッドアップディスプレイ。つねに表示される情報のこと。

これはゲームパッドでの操作難度にも直結し、4.0だけでなく、さらにその先の拡張を見越した際、すでにジョブアクションの追加が限界にきている、と判断されました。

### ❷『旧FFXIV』のキャラクターシステムから継承した不要部分の切り離し

『FFXIV』はほかのMMORPGと違い、キャラクターにクラスが固定されず、1キャラクターですべてのクラスやジョブをプレイすることが可能な“アーマリーシステム”を搭載しています。これは『旧FFXIV』から継承されたものですが、このシステム自体は吉田もとても気に入っています。ほかのMMORPGでは、メインにしているクラスは基本的にひとつで、成長の際にいくつかの枝分かれはできるものの、根本的にロール(役割)を変更しようとすれば、別のキャラクターを育成することが当たり前でした。

そんなアーマリーシステムですが、これに合わせて実装されているシステムに“アディショナルアクション”というものがあります。これは、さまざまなクラスで得たアクションを、ほかのクラスでも使用できる(一部のみですが)というシステムで、複数クラスをプレイしている人のメリット、と当初は考えていました。しかし、クラス数が増え、さらにはベースとなるクラスを持たないジョブが実装されるにいたり、逆に、“やりたいジョブだけをシンプルにプレイできない”、“タンクをやるためには、必須アクションである挑発を修得する必要があり、必ず剣術士をプレイしなくてはならない”など、デメリットが大きくなってきたのです。

同じように、「少しでもステータスビルドを残そう」ということで継承した、フィジカルボーナス（レベルが上がるごとに、一定ポイントをSTR/VIT/DEX/INT/MNDなどに任意で振り分ける仕組み）も、けっきょくのところ全員が同じ振りかたとなり、新規の方はこれを振り忘れてしまう、という問題も発生しました。

## ■ 将来を見越したシステム変更とコンテンツ制作 ■

このように、今回の『紅蓮』では、これから先の将来を見据えて、開発コストの限界ギリギリまで可能な範囲のシステム調整を行い、改めて全ジョブのロールコンセプトを見直し、同一ロール内のバランスを取り直しました。これらはすべて並行して進められ、担当者が随時チェックし、最終的には『紅蓮』のために開発した新コンテンツをプレイしながら、リリース直前まで微調整が行われました。いくつかのジョブではバランスに難があり、ご迷惑をお掛けする結果となりましたが、それもローンチ直後からフィードバックを拝見し、皆さんのプレイデータを集積して、パッチ4.06aまでにある程度の調整をさせていただきました。そして、これからも調整は続けていきます。

数多くのシステム変更と同時にジョブバランスを取ることは至難の業で、さらにバトルコンテンツ制作を並行しなければならず、バトル関連セクションには本当に計り知れない苦労があったと思います。だからといって、皆さんがプライドを持ってプレイされている各ジョブのバランスが崩れていいことにはならないですが、これらバトルに関連する3つのセクションは、『FFⅩⅣ』という根幹のゲームバランスを取りつつ、皆さんのプレイが楽しくなるように、と死力を尽くしています。これからもそれは変わりませんので、どうぞ引き続きよろしくお願いします。

## ■ かくして迎えたアーリーアクセス、そして発売へ…… ■

『紅蓮』を事前購入、あるいは予約してくださった方は、アーリーアクセスとして発売4日前からプレイが可能です。つまり、僕たちにとって本番は発売日ではなく、アーリーアクセス開始日。今回のスタートでは、コンテンツファインダーサーバーのダウンに端を発し、インスタンスコンテンツがすべて使用不能になるなど、初動はプレイヤーの皆さんにたいへんご迷惑をお掛けしました。これらが解消された後は、純粋に楽しんでくださったお客様も多く、『FFXIV』は『紅蓮』の発売によって、過去4年で最高の有効プレイヤー数となりました。これもひとえに、世界中の光の戦士の皆さんが、常日頃から応援してくださっている結果ですし、開発／運営チーム全員のたゆまぬ努力の結果だと思います。

『新生FFXIV』のスタートから丸4年。これからも皆さんとのキャッチボールを大切にしながら、まずは5周年に向けて、全力疾走を再開しようと思います。そう、つぎなる拡張パッケージ“5.0”もそろそろ考えなければいけませんし……（涙目）。

# 「そういう場合も、いまはまだある」
（2017年10月5日号掲載）

どうにも会議中のスマホ操作やPC操作が苦手だ。これは自分が、というのはもちろんのこと、他人がそうしていても、とても気になる。ノートPCやスマートデバイスの性能が上がり、また価格も安くなったことから、スクウェア・エニックス社内では多くの人が会議にノートPCなどを持ち込む。

とくに役職が上になればなるほど、社用ノートPCやスマートデバイス所持率が上がり、また、それに比例して自分宛のメールの量も増大するので、上位役職者ほど会議中にこれらを操作する比率が高い。吉田が20代で就職したばかりのころは、「会議に集中しろ、ほかのことをするな、説明している相手に対して失礼だろう！」と教え込まれたが、さて、これが正しいのか、時代遅れなのか、なんとも悩ましいところである。

世の中には複数のことを並列に処理できる人間がいる。この場合、他者からの説明を聞きつつ、別の文章を読み、メールの返信ができる人、ということになる。僕はこれができるときと、まったくできないときがある。メール処理中にオフィスのドアが開き、スタッフが入ってきて、「いま、ちょっといいですか？」と聞かれ、「うん、どうぞ」と話を促す。スタッフの話す内容を理解しつつ、対話しながらも、作業をそのまま続行できることもあれば、「うんうん」と相槌を打っているくせに、気づくと話がまったく頭に入ってきていないこともある。

その要因を過去のケースから思い返してみると、意外なことに、僕の場合はそのときの自分の体調や、対応中の案件が得意分野かどうかに大きく左右される傾向があるらしい。どうにも不安定な能力だな、という自己評価である。だから、僕は会議中にはできるだけデバイスをいじらないようにしている。僕が参加する会議は、ほとんどが僕に対しての報告や決議要求か、僕自身が何かを提案し、それを議論してもらうというのが大半なので、さすがに、「あ、ごめん、メール見ていたので聞いてなかった。もう1回お願いします」とは言えない。相手に対して失礼だと感じてしまう。そういう世代なのだ。

ここまで読むと、「そりゃそうだ、失礼になってしまうから、それが当然」と思った方も多いはず。しかし、僕が言いたいのはそうではなくて、“では、並行作業を完璧にこなす人がいた場合、それは失礼なのだろうか”ということ。これは立場や相手との関係、そして世代や教育、価値観によって大きく捉えかたが変わるのではないかと思う。

社内の通信インフラが未整備で、メールやインスタントメッセージソフトが使えなかった20年ほど前は、自分に対して送られてくる用件の物量が、いまに比べて圧倒的に少なかった。相手への直接コンタクトがメインだったので、会議室に入ってしまえば、よほど緊急の案件でない限り、誰かが会議室に乗り込んできて、「これに決裁してください」ということにはならなかった。

現在はメールやインスタントメッセージにより、自分のタイミングと相手のタイミングを合わせなくてよくなった。用件を送る側は、相手の都合に関係なく、「用件はメールにてお伝えしました」となる。相手がそれを読んだかどうかは、送信者にはひとまず関係がない。送信したことで、自分としてはいったんそれでタスク終了となり、後は相手がそれを確認するのを待つあいだ、別の業務を行うことができる。つまり、直接コンタクトという時間的ムダを省き、それぞれが自分の融通の利く時間に業務を行うことで、従来に比べて効率的に時間が使えるようになった。テクノロジーが効率化を生んだいい例だとも思う。

しかし一方で、組織の上層になればなるほど、1日に処理しなければならない用件数は格段に増えた。何せ自分の持ち時間に関係なく、自分の組織配下のスタッフから、どんどん確認などが送られてくるため、メールボックスはつねにパンク状態。20年ほど前は、上司の空き時間＝確認限界時間だったため、スタッフもその上司を捕まえられなければ、「しかたがない、明日の朝、待ち伏せしてでも捕まえて確認してもらおう」とあきらめが働いていた。しかし、それもいまはない。

これにより、ビジネスの前線に立つ人ほど、情報をいち早く取得し、即座に対応していくことが必要となり、結果的にノートPCやスマートデバイスが発展した、とも言える。ノートPCやスマートデバイスは、持ち運びが簡単なように軽くなり、また高性能化している。“どんなときでも使える”必要があるからだ。

ここまで書くと、やはり正しい、正しくないでは判断できない事柄だと思えてくる。マネージメントに携わる人は、尋常ではない量の案件を抱えていることが多い。何とかみんなの仕事がストップしないよう、献身的に働いていることも多い。また、自分にマルチタスク能力がないからと言って、相手のそれを抑止するのはおかしな話だし、むしろ相手は遊んでいるわけではなく、必死にスタッフのために仕事をしようとしているのだ。会議中に何かを見てニヤニヤしているやつは、仕事じゃなさそうだなそれ……とは思うけれど。

あと30年もすれば、この問題はなくなるに違いない。なぜなら、そもそも顔を突き合わせて会議すること自体が稀になり、すべてオンライン上で済むようになるはずだからだ。相手の顔を見たければ、カメラ越しでも十分なので、“相手を見て話さなければ”という理屈も解消できている。すべての会議室を廃止できるので、スペース効率も格段に上がるだろう。

また、カメラのないオンライン会議では、相手が何をしているかは見えない。つまり、チャットで会議しながら、別のタスクをこなしていても、まわりにはそれが見えない。相手がもしチャットによどみなく反応し、的確に回答できているとすれば、別のことを並行処理していても、まったく失礼にはあたらないだろう。つまり、“見えているか”、“見えていないか”の差でしかない。

じつは30年待たなくたって、いまでも強制すれば、これらはすでに実現可能である。じゃあ、なぜいますぐそうならないかと言えば、やはり価値観や教育に起因しているからだと思う。「人と話をするときは、相手の目を見て話しなさい」、「人の話を聞くときには、集中して聞きなさい」、「相手が真剣に話しているのだから、ほかのことをしながら聞くのは失礼です」、そう教えられて育った人には受け入れられないし、それが正しいのだと思う。

30年経てば、このように教育されてきた人の数は格段に減る。僕も引退しているだろう。いまよりもっと効率的な業務スタイルや手法がさらに浸透する。なぜなら、そのほうが時間に対しての利益率が向上するからだ。ただ、いまはまだ状況を見て使い分けたほうがいいと思う。社内ならまだしも、社外の人とのミーティング、まして相手が自分よりも年配なのであれば、絶対に様子をうかがったほうがいい。相手に悪印象を与える可能性が高く、それが個人ではなく会社の印象にもつながる。改めて、良い・悪いというお話しではない。そういう場合も、いまはまだある。

# 「光の戦士たちと超える力 Part.❶」

（2017年10月19日号掲載）

東京国際フォーラム・ホールAには5012もの席がある。僕は世間知らずなので、オーケストラコンサートを日本最大級でやろうとした場合、きっとこの場所になるんだろうなあ、という漠然としたイメージしかなかった。

**「いまこの場で決めてくれれば、来年の9月23日と24日の2日間、国際フォーラムのホールAを押さえられますがどうしますか？」**

そう聞かれたのは2016年の10月くらいだった。ちょうどそのころは2回目のファンフェスティバル開幕目前で、4.0の開発もスタートしており、パッチ制作も重なって、いろいろとパニックになりかけていた。そんな最中にこれである。

「まだ誰にも言っていません。直樹さんにしか決断できません」

そりゃそうだ。『FFⅪⅤ』に関しては僕が総責任者なので、僕以外の誰かに相談したとて、けっきょくは僕のところに判断が回ってくる。言ってきたのは、スクウェア・エニックス音楽出版事業部の責任者だった。たぶん、迷ったのは時間にして5秒くらいだったと思う。

「よし、押さえて。そのころ『FFⅪⅤ』がどうなっているかはわからないけれど、1回だけなら死ぬ気でやればなんとかなるかもしれない。最初で最後かもしれないけど、やらないよりはマシだよね」

担当者は満面の笑みで、「そう言ってくれると思っていました！」と喫煙所から走って出て行った。しかし、いま考えると無策にも程がある。けれど、“実施できる！”という根拠を作る暇はなく、2017年9月には『新生FFXIV』の運営から丸4年が経過していることを考えると、プレイヤー数がピークアウトする可能性だって十分にある。そうなれば、その先はより実現が困難になるだろう、というのが決断の理由。

こうして、『FFXIV』単独となるオーケストラコンサート“交響組曲エオルゼア”の実施が確定。会場を押さえてしまった以上、多額の保証金を払って公演をキャンセルしない限り、意地でも実現するしかない。

……それから約1年。このコラムを書いている24時間ほど前に交響組曲エオルゼアの全4公演が閉幕した。いまは猛烈な脱力感に襲われていたりする。いろいろなことが頭を駆け巡るけれど、とにかく日本中だけでなく世界各地から集結してくださった“光の戦士たち”のすごさを目の当たりにして、僕はただただ圧倒されているんだと思う。その余韻が抜けない。

交響組曲エオルゼアで僕は司会・進行役としてステージに立つことになったけれど、じつは当初あまり気乗りしていなかった。なぜなら、演奏してくださるのは日本でもっとも長い歴史を持つ“東京フィルハーモニー交響楽団”、その指揮は“栗田博文”氏が務めてくださる、まさしく超本格的なオーケストラコンサートになったからだった。関係スタッフは、「吉田に司会・進行をやってほしい」

と言うけれど、さすがにそれはどうかと思っていた。

僕は基本的に、「餅は餅屋、プロに任せるべき」という考えが強いので、責任者として意見は言うけれど、最終的なジャッジはプロに任せるべきだと思っている。だから、素人の僕なんかが進行を務めるより、プロの司会者を雇うべきだ、というのが僕の主張だった。プロデューサーレターLIVEやファンフェスティバルとはわけが違う。

それなのに、司会・進行役としてステージに立つことになったのは、『FFXIV』のサウンドディレクター祖堅のせいである。祖堅と僕は歳が近く、仕事に対する考えかたもほぼ同じ。だから、「司会はプロに任せるべき」という僕の主張に賛成してくれると思っていたが、アイツはあっさりと、「いや、直樹さんがやるべきでしょ」と言い放ったのだ。

「だってこれ、『FFXIV』のイベントですよ。オーケストラという最高の音を届けてもらうのはプロに任せるべきだけど、それを楽しんでもらう空気を作るのは、直樹さんの仕事じゃん」

それがプロデューサーの仕事なのか？ という疑問はさておき、戦友の祖堅が言うのならしかたがない。そうなのであれば、できるだけ“光の戦士たち”が楽しめるようにトークをしよう。

……そう決めて臨んだはずの23日の昼公演、初登壇で僕はガチガチに緊張していた。正直、逃げ出したい気分だった。考えてもみてほしい。

生まれて初めて着た似合わないタキシードに身を包み、眼前には5000人の"光の戦士たち"、後ろには東京フィルハーモニー交響楽団と、日本でも指折りの人たちが集まったコーラス隊(ミィ・ケット合唱団)、威厳をたたえた栗田さんが指揮台に立ち、僕の司会が終わるのを待っている……。

手もとにあるメニューに書かれている文字は台本ではない。「台本通りになんてしゃべれないから、進行と曲名だけ書いてくれればオーケー。あとはアドリブで話すから」と言ったのは確かに僕自身。"吉田登壇"、"吉田自己紹介"、"今日の公演にあたっての心境"、"曲紹介"と、メガネなしでも読めるフォントサイズで、これが印刷されているだけなのだ。これを2分30秒で終わるのが僕の役目。

立ち位置を示すステージ上の白いT字のテープへたどり着き、客席に向かって深々とお辞儀をしながら、僕の足は震え始めていた。ちょっとでも力を抜けば、お客様にもわかるくらいガクガクと膝が笑うのが見えたに違いない。きっと顔面も蒼白だったんだろう。

「さぁ、いよいよ始まりました、『ファイナルファンタジーXIV』オーケストラコンサート2017。交響組曲エオルゼアへ、ようこそお越しくださいました!」

声が震えているのがわかる。たぶん、ここは噛まずに言えたと思うのだけれど、しゃべっている最中、客席側に猛烈な緊張が広がっていくのが感じられた。僕の緊張が完全に客席にいる“光の戦士たち”にも伝播してしまった。オーケストラコンサート自体、初めて参加される方も多いだろうに、「緊張させてどうするんだ！」と内心思いながらも、僕はそれによってさらに追い込まれていく。しかし、しゃべらないわけにはいかない。

自己紹介は自分の中で決めていたセリフ。軽いアイスブレイクになれば、と思って考えていたもの。しかし、この緊張感の中、くすりとも笑いが出なかったとしたら、僕はきっとこの公演が生涯のトラウマになっていたに違いない。それくらい勝手に追い込まれていた。

「申し遅れました、わたくし、『ファイナルファンタジーXIV』プロデューサー兼、ディレクター兼、本日の司会・進行を務めます、吉田と申します。どうぞよろしくお願いします！」

ただただ、そのセリフを言って頭を下げるしかなかった。そして、それに合わせて大きな拍手をもらった直後だった。ものすごく大きな声で、

**「よしだあああああああああああああああ!!!」**

と叫んでくださった方がいた。僕はこの方に一生分の感謝をしたい。

頭を下げているあいだ、あっという間にそのコールは会場のあ

ちこちに広がり、怒号のように自分の名前がホールにこだましていた。

……いつも通りやっていいのかな、これ。

頭を下げながら、なんだか笑えてきてしまった。こうして僕は開演4分足らずでギブアップ投票するところを“光の戦士たち”によって救われた。“超える力”発動。かくして怒涛の2日間の幕開けとなったのだけれど、それは“光の戦士たち“のすごさを思い知る、ほんの始まりにすぎなかったのであった……。（次回に続く）

# 「光の戦士たちと超える力 Part.❷」

（2017年11月2日号掲載）

2017年9月23日13時45分ごろ、僕は東京国際フォーラムホールAのステージの上にいた。『FFⅩⅣ』初の単独オーケストラコンサート“交響組曲エオルゼア”の司会進行を務めていた次第である。

交響組曲エオルゼアは、『FFⅩⅣ』が新生した2013年スタートからパッチ2.55までを“新生編”、初の拡張パッケージ『蒼天のイシュガルド』からパッチ3.56までを“蒼天編”と呼び、これらの楽曲から選りすぐったオーケストラバージョンを2部構成でお届けすることにした。サウンドディレクターの祖堅とふたりで取っ組み合いをして楽曲を絞ったが、これでも最大公演時間2時間20分ギリギリとなってしまった。

さて、このときはちょうど第一部“新生編”のクライマックスとなる『Answers』という曲を紹介するためにステージに上がっていた。開演直後の僕は、足が震えるほど緊張していたが、会場に集まってくださった『FFⅩⅣ』プレイヤー＝光の戦士たちの声援によって“超える力”が発動して、なんとか司会をこなしていたのだった。

「あ……植松さんでも、やっぱり緊張するんだ……」

と、本公演のスペシャルゲストである“FF音楽の父”たる植松伸夫さんをステージにお招きしつつ、植松さんの震える唇を見ながらそんなことを考えていた。そう、“あの植松さん”だって緊張するのである！

……植松さんに初めてお会いしたのは、2014年の春ごろだったと思う。『新生FFXIV』がなんとか軌道に乗ったこともあり、『旧FFXIV』時代から堅く閉ざされていた“イシュガルド”という国の物語を、拡張パッケージという形でプレイヤーの皆さんにお届けしようと決めた直後だった。

昔から『FF』シリーズのファンだった僕は、どうしても植松さんにメインテーマを書いてほしかった。植松さんの書かれる楽曲が大好きだったことももちろんある。でも、それと同時に、これはもう僕個人のエゴなのかもしれないけれど、『旧FFXIV』の失敗があり、『FF』シリーズの中でも“鬼子”のように扱われていた『FFXIV』に、なんとか“お墨付き”という華を添えてほしいと思ったからでもある。

植松さんの事務所近くでお食事をすることになり、祖堅に付き添ってもらいつつ、ガチガチに緊張して植松さんとお会いさせていただいた。植松さんはいまもそうだけれど、とにかくやさしい。『FFXIV』を担当することになり、本来ならすぐにご挨拶にうかがうべきだったのかもしれないけれど、僕にはどうしてもそれができなかった。

なんというか、お会いするならきちんと新生してから……開発者としてやれるだけのことをしっかりやってから、と勝手に決めていて、そうじゃないと失礼にあたると考えていたように思う。

プロデューサーとしてはどうなのだろうという気もするけれど、「開発者ならそうあるべきかな」と、かたくなに思っていたのがあの当時。

初めてお会いした植松さんは、そんな吉田の心情をよそに、にっこりと笑いながら、「よくがんばったね」とひと言。

……あれから3年半が過ぎて、僕はこうして植松さんといっしょに壇上に立っている。

植松さんに呼び込まれて、スペシャルゲストの歌手"スーザン・キャロウェイ"さんが登場し、いよいよ始まる『Answers』の演奏。この曲は僕が『FFXIV』を担当する前に植松さんが書かれた『FFXIV』のメインテーマで、『FFXIV』の舞台となる惑星ハイデリンの唄でもある。『旧FFXIV』ではメインクエストの重要シーンに、ささやくように一部だけが流れており、すべての尺を使ってはいなかった。とても素敵な曲なのに、どうにもゲーム側に"この曲を流すだけのパワー"がなく、流しどころが見つからなかったのかな、という気もしたくらいだった。

でも、この曲がなければ、『旧FFXIV』のエンディングにあたる、"時代の終焉トレーラー"は生まれなかったといまでも思う。それくらい曲と歌の力が強く、映像を作ったヴィジュアルワークス部も、それに引っ張られてあれだけの仕事をしてくれたのではと思うほど。

僕と祖堅を始めとする『旧FFXIV』から開発に関わっているメンバーは、この曲を聴くとどうしようもなく泣けてしまう。辛かったことも、楽しかったことも、がんばったことも、やたらとなんでも思い出してしまう不思議な曲なのだ。だからすばらしい。

きっと、会場に来てくれていた光の戦士たちもそうだったのかな……嗚咽を漏らす人、スーザンさんの歌に聴き入って静かに涙する人、放心している人……ステージ脇からそんな顔を見ていて、本当にたくさんの思い出が詰まった曲なんだな、と改めて思った。

そして、曲が終わった直後、やたらと長い沈黙がコンサート会場を支配した。誰も拍手をせず、誰も身動きできず、ただただ黙り込んでしまった時間。僕もどうしていいのかわからず、固唾を飲んでそれを見ているだけだった。20秒近くに感じられたけど、もう少し短かったかもしれない、袖にいたスタッフが耐え切れずに大きな拍手をした。すると、それで止まっていた時間が動き出したかのように、嵐のような拍手が鳴り響き、こうして交響組曲エオルゼアの第一部“新生編”が幕を下ろした。

引き上げてきた東京フィルハーモニー交響楽団の演奏者の方がぽつりと、「ふつうじゃありえない」。

短い休憩中に奏者の方たちと、タバコを吸いながらお話ししたところ、お客様の“音を聞こうとする姿勢”が信じられないくらい真剣だという。何があっても聞き逃すまいとする迫力がすごくて、それにつられて恐ろしく緊張する、とも。ああ、ここにも“超える力”がかかっているのか……。

またしても光の戦士たちの恐るべき力を見せつけられた気がしたものの、それは“新生編”に続く第二部“蒼天編”でさらに増幅され、かつ公演の回を重ねるごとにパワーアップしていくのだけれど、それはまた次回のコラムにて。次回でラスト、そろそろオケコンロスから回復しなければ……。

# 「光の戦士たちと超える力 Part.❸」

（2017年11月16日号掲載）

僕は東京国際フォーラム・ホールAの中央客席通路を、楽曲演奏中にも関わらず、スポットライトを浴びて歩いている。しかも、体の前方には大太鼓を抱え、一定のリズムでこれを叩きながら歩いている。後ろには『FF』音楽の父、植松伸夫さんが僕の大太鼓の裏パートでトライアングルを叩き、さらに後ろにはサウンドディレクターの祖堅がグロッケンを持ち、「チッ、チッ、チッ、ポーン！」と時報を鳴らしている……。

「なんだこれ、どうしてこうなった……」

隔週連載のコラムにも関わらず、3回にわたってお送りしてきた『FFⅩⅣ』初の単独オーケストラコンサートである"交響組曲エオルゼア"のお話も今回でラスト。

24日のステージ司会進行は、僕の中に幾分余裕ができ、ご来場いただいた光の戦士の皆さんにも、ある程度リラックスしていただいたのではないかなと思う。ステージの台本はなく、すべてアドリブでしゃべっているので、何を話したか正確には覚えていないけれど、オーケストラコンサート参加経験者をタンクに見立ててみたりしたのは、よかったのではないか、と自己分析している。

「タンクの皆さんは、拍手のタイミングやスタンディングオベーションのタイミングを教えてあげてください！」、「DPSの皆さんの仕事は拍手です！　いいですね、火力出しましょう！」などは、東京フィルハーモニー交響楽団の方々には、なんのこっちゃさっぱりわからないトークだったに違いない……。

二部構成である交響組曲エオルゼア、第二部はパッチ3.0から3.56までとなる"蒼天編"。こちらは第一部の"新生編"と異なり、冒険の時系列をある程度崩して曲を配置してある。というのも、演奏される皆さんの体力や、聴いているお客様への緩急を考え、きちんとクライマックス感を作ることが重要だったからだ。このあたりはとくに祖堅がこだわっていた部分でもある。

こうして書くと、とてもきちんと構成されているコンサートなのに、僕はといえば、この"蒼天編"でまたしても無茶をさせられている。それがコラム冒頭のシーン。

『FFⅩⅣ』の高難度コンテンツに"機工城アレキサンダー"がある。この最終章にあたる"天動編"の第4層では、文字通りアレキサンダーとの戦いになるのだが、バトルの前半に流れる曲がコンサートで演奏された『メビウス』という楽曲。

このアレキサンダーとのバトル、なんとバトル中に"時間停止"というギミックがある。プレイヤーである光の戦士は時間を停止させられ、アレキサンダーだけがその停止時間中に行動する。プレイヤーはアレキサンダーの動きを見て、時間停止解除と同時に、一斉にギミックを処理する、というもの。しかも、この時間停止中はBGMも止まり、時報だけが鳴り響く。停止が明けると、BGMも停止位置から綺麗に再開するという凝ったものだ。

2016年、オーケストラコンサートの会場を確保したのち、僕は祖堅に言ったことを思い出す。

「オーケストラの楽曲演奏中、時間停止をやりたい。大真面目に。指揮者も演奏者も止まる中、リズム楽器だけが時報を鳴らし、時報が終わると、何事もなかったように演奏が再開する……。東フィルさんはあきれるかもしれないけど、どうしてもやってみたい。前代未聞こそ『FFⅩⅣ』だよね」

確かに、言い出したのは吉田だ。しかし、蓋を開けてみると、時報を演奏するのは僕と植松さんと祖堅になっていたのである。しかも演奏しながら通路を歩くとか、話が違うにも程がある。

「だって、時間停止は欧州ファンフェスのライブでやっちゃったし、もっとおもしろくないと！」

と祖堅。そもそも勝手にライブで僕のアイデアをパクったのは君なんだが……。

かくして僕は、東京国際フォーラム・ホールAの客席通路を、大太鼓を鳴らしながら歩いた。めちゃくちゃ恥ずかしかったし、もう覚悟を決めて笑いながらやるしかなかった。そもそも植松さんと祖堅に比べ、吉田は完全なる音楽素人である。こう書くと本当にアホなプロジェクトだなと痛感する。

必死にリズムを取って大太鼓を“ドンドンドンドン……！”と叩

き続ける中、なんと通路を半分くらい歩いたところで光の戦士たちからの盛大な手拍子が巻き起こる。これはもう本当にうれしかった。しかし、それも束の間、ホールに反響して、拍手が何重にも聞こえるため、

「ちょ、これ、うれしいけど、かえって難度上がってるんだが!!!!」

というのが、僕の心の声であった。必死そのもの。そもそも、歩く速度も先頭を行く吉田次第だし、じつはこの時間停止、練習は一切なく、リハーサルも当日の開演前に1回やっただけのほぼぶっつけ本番。なんとかやりきれたのは、やはり光の戦士たちの"鼓舞"があればこそ。とにかく感謝。

24日の公演終盤、アンコールで沸き起こった、観客総立ちのスタンディングオベーションと、怒号のような拍手の地響きについて、なんとか書き表そうとしたけれど、どうにもまとめきれなかった。演奏者の皆さんも、「こんなの海外でも見たことないですよ」と興奮していたので、それくらい衝撃的だったのだと思う。文字通り"奇跡"を目の当たりにしたような気分で、文章にしようとすると、あまりに平凡になる。"語彙力低下"という表現がSNSでよく使われていたけれど、まさにそれに尽きる。

グランドフィナーレのあいさつでは、植松さんがとても温かい言葉をかけてくださり、必死でそれに耐えていたのに、まさかの祖堅の言葉に泣かされた。祖堅のお父さんはオーケストラのトランペット奏者で故人である。亡くなられたのは『FFⅩⅣ』が新生し

てから1年後くらいだったはずだ。

祖堅はコンサートが近づくにつれ、「親父だったらどういう公演にしてたかなぁ」とつぶやくことが多かった。迷っているのではなく、きっとお父さんに聴いてほしい、聴かせたかった、という願いからだったに違いないと僕は思っている。

祖堅はふだん、生放送などのお客様の前では、どんな話をするときも、自分のことをネタにする。自身のことを話す。祖堅はそういう男なのだ。だから、この公演でも、きっとお父さんへの想いは、胸にしまっておくんだろうな、と思っていた。それがまさか、ステージの上で……よほどの想いだったのだろう。だから僕も、「きっとそのあたりで、いっしょに吹いてるんじゃない?」と返した。そう思っていたからだ。

このときに客席だけでなく、演奏者の皆さんを含めた最大の拍手を、きっと祖堅も僕も一生忘れないと思う。祖堅が必死に、つぶやくように言った、「ありがとうございます」の言葉も。

こうして初公演となった交響組曲エオルゼアを終えて、僕たちの中には、「なんとか次もやろうぜ、そのためにゲームの開発と運営をますますがんばろう」という気持ちが残った。光の戦士たちの超える力は、とどまることを知らない。だからこの仕事はやめられないんだよなぁ、と改めて、つくづく思うのである。

# 「言葉」

**（本書書き下ろし・2017年1月9日）**

しばらく黙って吉田の話を聞いていた年上のその女性は、ひとつため息をついた後、強めの口調でこう言った。

**「吉田くんね、驕（おご）るんなら、もっとカッコよく驕ってほしいんだけど」**

いまから18年前、1999年の夏、東京ゲームショウのために出張してきた、千葉県のとある居酒屋でのことである。

吉田は21歳の時にゲーム会社である“ハドソン”から給料をもらい、ビデオゲーム開発者の端くれとなった。その直前、僕は“ハドソンスクール”という、ハドソンが直営する少人数制の学校にいて、多くの先輩開発者に指導を受けたりしていた。件の女性は、そのハドソンスクールで事務を担当してくれていた方。正確にはハドソンの正社員であり、ライツプロパティという版権管理などを扱う部署の人でもあった。

この方は吉田より7歳年上、とても美人でスタイルも抜群、学生から大人気だったので、憧れていた人も多かったのではないかな、と思う。海外ドラマ『X-ファイル』のダナ・スカリー役の“ジリアン・アンダーソン”によく似ていた（以降、この方をスカリー女史と呼称する）。

ハドソンスクール在籍中に、インターンという体のいい無給アルバイトを経て、吉田はハドソンに入社。ハドソンスクールはその年で閉校となり、スカリー女史は本格的にライツプロパティ事業部での仕事が忙しくなっていった。それでもスクール出身者でハドソンに入社した人は多くなく、何かにつけて飲みにつれて行ってくれるやさしい先輩でもあった。

余談ではあるが、スカリー女史と飲みに行くと、たいてい女史の友人も数人来ており（これまた女子）、年上の綺麗なお姉さまたちに囲まれてお酒を飲む、という経験を何度もさせていただいた。吉田は強がって見せていたような気もするが、27、8歳の女性からすると、ハタチの男子はオモチャみたいなものだろうから、きっと小動物のように扱われていたのだと思う。

その後、女史は東京支社へ栄転、吉田はというと嬉々として開発を続け、毎年東京ゲームショウの時期になると、幕張にていっしょに飲みに行くという交流を続けていた。そんなときの話題と言えば、ひたすらに開発の愚痴。いまにして思えば、単に甘えていたのだと思う。

**「同期の連中は、どうしてあんな簡単なこともできないんだ！」**

**「俺の倍以上の給料をもらってるくせに、仕事できない先輩が多すぎる！」**

**「○○も、都合のいい会社ばかり使いやがって、あれじゃ、まるで談合だ！」**

当時の僕は本当に口が悪かった。いまでも悪いほうだけれど、比較にならないほどひどかった。でも、仕事は人一倍以上にやっていた自負はあったし、売上や利益という結果にもこだわった。誰もが嫌がる仕事だって、率先してやっていたつもりだし、「これくらい言って当然」と開き直っていた。

こうしたやり取りが2〜3年続き、吉田は26歳に。でも、中身は中学生のまま。そして何より、内心では、「仕事なんてこんなもんか。何だってやってやる。誰にも負けるつもりはない！」と思っていた。

かくして、スカリー女史に言われたのが、冒頭のセリフである。

**「吉田くんね、驕(おご)るんなら、もっとカッコよく驕ってほしいんだけど」**

その言葉を聞いたとき、心臓を握りつぶされたような衝撃を受けた。唖然とする僕に向かって彼女は、こう続けた。

**「東京でもあなたの話を聞くよ。常務なんて、"あいつが反対したせいでプロジェクトがダメになったんです！"って会長に報告してた。そしたら会長、なんて言ったかわかる？**
**"新人に毛の生えたような奴にやられるなんて、お前それでも常務なのか？ 吉田だろ、それ"って」**

**「会長に名前を知られてる人って、どれくらいいるんだろうね。社長も、副社長も、専務も、常務も、みんな知ってる。逆に、誰も私の名前なんて知らないと思う」**

彼女は卑屈な人ではない。彼女が言わんとしていることは、すぐにわかった。

**「吉田くんは、ちょっと人と違う。要領もいいし、生意気だけど、がんばるからかわいがられる。**
**負けず嫌いで、仕事は投げ出さないし……。**
**あなたは仕事ができる。歳も関係ない。自分でも、わかってるんだよね?」**

自分が恥ずかしくて、きっと下を向いていたと思う。

**「あなたは仕事ができる、だから目立つの。まわりの人はあなたのようには仕事ができない、だからあなたは目立つの。**
**だったら、君みたいな人は、私みたいな人が、もっと上手に仕事ができるようにするのが役目なんじゃない?**
**自分よりも能力が下だって思ってる人に、当たっても意味ないじゃない。**
**驕るんなら、中途半端は迷惑だから、もっと驕ってちょうだい。上へ行くんでしょ?」**

何ひとつ反論できず、ぐうの音も出ないというのを本当に味わった。真正面から指摘されて動揺し、僕はスカリー女史ですら見下していたのだと気がついた。26歳の僕は、"自分より能力が下だと決めつけた相手"を卑下して、ただ単に自慢話をしていただけだった。悦に入っていただけ。驕っていただけ。

酔いもすべて吹き飛び、**「わかりました。もう言いません。もっと上を目指します」**と、正直に答えた。もっと上に行って、もっと好きなゲームを作りたいと思っていたので、それを正直に。

するとスカリー女史は、**「さ、この話は終わり、終わり！」**と、話を切り上げ、その後は何も変わらない様子でお酒を飲み、ゲラゲラ笑った。その日以降、今日まで何度か飲みに連れていってもらっているけれど、二度とこの話をされることはなかった。

時は流れ、2年ほど前、僕は、スクウェア・エニックスという会社の執行役員になった。第5ビジネス・ディビジョンという組織を預かり、『ファイナルファンタジーXIV』という巨大なプロジェクトを担当している。部下は数百人以上になり、毎日、いろいろなスタッフと出会う。出世欲の強い人もいれば、愚直に仕事に打ち込む人もいて、仕事や同僚、上司部下に対して思うことは、やはり千差万別のようだ。

中には当時の僕と同じように、能力を持っているのに、部下や同僚に対してやや過剰に、「もっとがんばろうぜ！」と突っかかっていく人もいたりする。それが情熱だし、べつに悪いとは言わない。でも、行き過ぎるとそれは周囲から傲慢に思われ、いまの世の中、パワーハラスメントにもなりかねない。

**「どうせ自分のほうが能力が上だ、負けるつもりはない！ と思っているのなら、いい意味でもっと傲慢になるといいんじゃないかな。」**

**「能力がある、と自分で思っているのなら、自分の部下や同僚と戦うより、上の人間と戦ったほうがカッコイイよ。だって、誰にも負けるつもり、ないんだろ？」**

スカリー女史からもらった言葉を、いまは、僕がほかの誰かに渡す役目になった。“言葉”は、とても強い。とくに、“相手のことを想って発せられる言葉”は、人の人生を変える。

相変わらず、いまも僕は口が悪く、上の人（社長とか）には食ってかかってばかりだけれど、年上の綺麗なお姉さんから、“言葉”という特大のハンマーでブン殴られたからこそ、いまがある。間違いなく、僕の転機は、26歳の夏だった。

僕という人間は、僕のことを想って言ってくれた人たちの、たくさんの“言葉”で成り立っている。プレイヤーの皆さんからいただく“言葉”もそのひとつ。改めて、たくさんの人たちに感謝をしながら、日々またゲームの制作に励んでいきたいと思う、今日このごろなのである。

## 「赤裸々なあとがきⅡ」

まえがきに続き、あとがきへようこそ！ あとがきから読み始めた方はこんにちは！
本の読みかたは、人によってさまざまにあるわけで、

**●まえがきを読んで興味をなくし、**
**そもそもその本自体を読むのをやめてしまう方**
**●まえがきを読み、本編を読破し、あとがきへ到達された方**
**●まえがきを読み、本編を読む前に、**
**あとがきも先に読んでおこうと思った方**
**●とりあえず、あとがきから読むことをポリシーにされている方**
**●立読み中で購入を迷っているが、**
**あとがきを読んでみようと思った方**

むろんほかにも、“本編を読んでいる途中に、なんとなくあとがきを読んでみた”とか、“こんな本を買わせやがって、作者の言い訳のひとつでも聞きたいわ！ と、怒りを込めてあとがきを読んでいる”など、多数のケースが想定されます。このように、本書の作者は非常に理屈っぽいです。いまさら遅いかもしれませんが、申し添えておきます。

今回の第2巻も前作に続き、単行本化の際の校正は最小限に留めました。ゲーム業界のトレンドや技術革新は本当に早く、半年足らずで古くなる情報も珍しくはありません。最近のコラムはできるだけ、“普遍的な内容”になるようにしていますが(後々校正がたいへんなので)、それでも一部情報が古い部分は手を入れることにしました。

そういえば、改めて単行本化にあたっての校正をしていて、自

分の文体揺れに法則があることを自己確認しました。明確に『FFXIV』のプレイヤーさんやお客様を対象にしている場合は、“ですます調”に。そのほかの単に日々思ったことは、“断定調”になっているようです。このあたりは統一せず、好きに書かせていただいているから生じることで、ファミ通編集部、そして担当の菊池さんの懐の深さに感謝いたします(そのとき書きたい文体で書きなぐっているから、というのがもっとも濃厚な説)。

まえがきにも書きましたが、時が経つのは早いもので、僕が『旧FFXIV』の担当を引き受けてから丸7年。『新生FFXIV』をリリースしてから4年半が経過しました。このコラムの連載も4年を超え、隔週連載にも関わらず、掲載していただいた話数は100以上となっています。

吉田は物事を継続することがニガテで、よく母親に、「一事が万事、継続こそ力なり。嫌なことを後回しにして、やるべきことをいまやらないそのグータラは、必ずアンタに跳ね返ってくるからね」と、何度も説教されていました。心底この説教が嫌いで、アレコレ御託を並べて、やりたくないことを正当化するために母親と口論になりました。もちろん、一度も勝てたことはありませんでしたが……。

そんな僕も仕事をするようになり、若気の至りでいろいろな人に迷惑をかけつつ、どうにかゲームの開発を続けていたのですが、26歳の夏に転機を迎えました。それが本書のために書き下ろした、特別編に収録されているエピソードです。

ふだんは聞き流しがちな、他人から自分への言葉ですが、その人のためを想って発せられたひと言というのは、一生忘れられない言葉となる場合や、その言葉が起点となって人生が大きく変わることすらあります。

最近ではインターネットがごく当たり前のものとなり、ネットを開けば言葉と情報の洪水によって、押し流されてしまいそうになります。しかし、その一方で、文字や情報そのものよりも、そこに込められた相手への“想い”のほうが、とても大切なのだということを、今回のエピソードを書いていて、改めて思い出すことができました。

さて、そろそろ締めに参りましょう。本誌連載および単行本化に当たって、多くの方にお世話になりました。

いつもスケジュール管理をしてくれている『FFXIV』宣伝担当のN女史、締切交渉までしてくれてありがとうございます……。

真っ先にコラム原稿を読み、感想をくれると同時に、誤字脱字、言い回しのチェックまでしてくれる『FFXIV』コミュニティーチームの“モルボル”こと室内氏にも感謝を。

スクウェア・エニックス社内各部署、赤裸々な内容ゆえ、チェックをしてくださる広報室や倫理・校正のみなさんにもお礼申し上げます。

そしてもちろん、連載が続くにつれ、どんどん原稿の上がりが締切ギリギリ(どころか過ぎていることも……)になっていく中、なんとか載せてくださっている編集部の皆さん、担当の菊池さん、本当にありがとうございます！

まさか受けてくれていると思っていなかった第2巻の表紙イラストは、前作に続き、ふたたび吉田明彦氏が担当してくださいました。いや、本当にびっくりしました。『FFXIV』本編のイラストについても、今後ともよろしくお願いします(と、さりげなく発注予告しておこう)。

さらにッ！ 第2巻の帯には、僕が神様と崇めるゲームデザイナーの松野泰己さんから推薦文をいただきました。なんということでしょう、家畜のような身分の私めに、推薦文などいただいてしまい申し訳ございません。ああ、おそろしや。神のお言葉と思って、今後も精進します……（推薦文の内容を知らされない恐怖）。

最後となりましたが、なにより本書を手に取ってくださった読者の皆さま、『ファイナルファンタジーXIV』光の戦士の皆さまに、多大なる感謝を。Twitterなどで感想やコラムで触れてほしい話題のリクエストなどをお寄せいただけると、ネタに困らなくて済みますので、どうぞよろしくお願いいたします（笑）。

本コラムは引き続きファミ通本誌にて隔週連載中です。本書の読後、「破り捨てるほどではなかった！」という方は、本誌の方も併せてお楽しみくださると幸いです！

2017年12月25日

株式会社スクウェア・エニックス 執行役員（開発担当）
第5ビジネス・ディビジョンディビジョンエグゼクティブ
『ファイナルファンタジーXIV』プロデューサー兼ディレクター
吉田　直樹

『Eorzean Symphony: FINAL FANTASY XIV Orchestral Album』を観ながら

# 吉田の日々赤裸々。2 プロデューサー兼ディレクターの頭の中

著　吉田直樹

2018年2月7日　初版発行
2019年10月4日　第3刷発行

発行人　豊島秀介
編集人　林克彦

発行　株式会社Gzブレイン
〒104-8457　東京都中央区築地1-13-1　銀座松竹スクエア
電話　0570-000-664（ナビダイヤル）
http://gzbrain.jp/

発売　株式会社KADOKAWA
〒102-8177　東京都千代田区富士見2-13-3
https://www.kadokawa.co.jp/

企画・編集　週刊ファミ通編集部
担当　菊池祐一
デザイン　久賀昭宏
カバーイラスト　吉田明彦（株式会社CyDesignation）

協力　株式会社スクウェア・エニックス

印刷　大日本印刷株式会社




**本書の内容・不良交換についてのお問い合わせ**

Gzブレイン カスタマーサポート

お問い合わせフォーム http://gzbrain.jp/
（最下段の「お問い合わせ」へお進みください）

※土曜・日曜・祝日はご対応できません。
※記述・収録内容を超えるご質問にはお答えできない場合があります。
※サポートは日本国内に限らせていただきます。




**本体価格はカバーに表示してあります。**

ISBN978-4-04-733312-3
C0076
Printed in Japan